WARUM LEBEN WIR?

Wieso existiert alles natürliche?

LIEBE ↔ GESUNDHEIT ↔ HEILUNG ↔ ERNÄHRUNG
WIRTSCHAFT ↔ WISSENSCHAFT ↔ MATHEMATIK
BIOLOGIE ↔ PHYSIK ↔ CHEMIE ↔ NATUR ↔ PSYCHE
SPRACHEN ↔ GESCHICHTE ↔ KOSMOS ↔ ZUKUNFT
WELTRELIGIONEN ↔ ROBOTIK ↔ INTELLIGENZ

Duc Hao Luu

BSc (Hons), Dipl.-Inform. (FH)

DruckDesignOase

2020

TEIL 2 von 2

Einführung

Willkommen zum zweiten Teil.

1. und 2. Bucheinheiten gehören zusammen. Hier finden Sie Begründungen für das weitere Verständnis. Sollten Fragen auftauchen, lesen Sie bitte bis zum Ende. Vielleicht lassen sie sich dann von selbst beantworten.

München, 16. Februar 2020

Duc Hao Luu
Der Autor

Warum existiert alles natürliche?

6.4.17 Konstellation Philosophie

Zurück zu der Schneepracht in vorzeitlichem Australien. Aus der übersetzten Lektüre von Shakuntala, einer heiligen Schrift Altindiens, erfuhren Leser von den Weisen der alten Zivilisationen. Göttliche Bücher beinhalten Veden und Epen. Tiefgründig, Epochen übergreifend sind die vielschichtigen Lehren. Parallel zu Südamerika lagen die Informationen zeitlich geordnet vor. Die Kunst, diese Fakten chronologisch herauszulesen und zu verstehen, wird gefragter denn je sein. Hierfür ist der philosophische Glaube sehr sinnvoll und notwendig. Lektüre sind Romane, die Gefühle ansprechen. Sehr zu bedauern, Originalschriften sind in keinster Weise uralte Theaterskripte. Einzelne Wörter haben mystische Bedeutungen. Ein geschriebener Satz der unterschiedlichsten Urväter könnte Bände füllen. Die Lauten sind Teil des Gebets und vereinigten gewichtige Botschaften. Sie stammten aus längst vergangenen Zeiten. Merkwürdig, hatten die Weisen nacheinander alles auswendig lernen müssen? Waren ihre Urschriften zu Bildern zusammengefaßt worden?

Bedeutungen sind Sch[...]Rauch, wenn wir nicht alles erklären können. [...]s lautet der erste Satz: "Am Anfang war da[s ...] Das ist nicht darin aufzufassen, dass ganz am Anfang das Wort vor dem Schöpfer existierte. Viel mehr war Gott allen voran nicht sichtbar vorhanden. Kein Mensch lebte, so konnte niemand sehen oder hören. Mit dem wahrnehmenden Wort waren wir in der Lage, Gottes Lehre niederzuschreiben. Der Schöpfer sprach mit den Tieren, doch sie konnten weder verstehen noch behalten, weder nachsprechen noch weitererzählen. Der Mensch hat die Fähigkeit dazu.

Wie konnte die älteste Schrift sich vorbildlich von einfachen Bildern zu komlexen Alphabeten wandeln? Wie lange musste die wachsende Schreibkunst gedauert haben? Der Änderungsprozess währte bis zum heutigen Buchstaben, allerdings nicht nur in Indien allein. Einst hatten die Götter die Schrift benutzt. Vielleicht haben viele von ihnen untereinander korrespondiert. Sie standen sich gegenseitig bei. Riesenkreaturen und mächtige Dämonen strapazierten die stellvertretenden, kleineren, fürstlichen Nachfahren in höchstem Maße.

          Warum existiert alles natürliche?

Bild Beten: Mit Feuer

Riesen können sehr nett sein.

Was sie dazu veranlasst hatten, zornig zu werden, könnte an den grausamen Geister liegen. Sie brachten wiederholt den Tod. Riesige und rettende Personen verteidigten sich tapfer gegen die Todesschwadronen. Die Heiligen benutzten die Schrift. Furchtbare Dämonen erkannten, einer weiteren Annahme nach, die Bedeutung der heiligen Bücher. Sie kämpften Jahrtausende, Jahrhunderttausende lang. Gäbe es nicht eine trockene Ära nach der anderen, würde der unendliche Kampf immer noch anhalten. Nun sind die Riesen nicht sonderlich übergroß, die Dämonen geringmäßig vernichtend, die Götterkinder weniger heilig. Kurz, eine wahrhaft höhere Macht regelt den Ausgang von Ereignissen und Weltexistenzen. Sie ist das unerklärliche, das die Urintellekte Amerikas zu ergründen beabsichtigten. Sie wußten, sie mussten den Kosmos in ihren Observatorien weiter beobachten. Ihr Kalender reservierte genügend Platz für weitere Informationen in ihrer entfernten Zukunft. Nach genügend Reformen würde ihr unübertreffliches System dauerhaft bestehen können.

Diesen heiligen Prinzipien folgten die uraltindischen Weisen. In ihrer Welt standen Sie nicht beratend zur Seite. Sie trugen alle Informationen zusammen. Der Wortkontext wird erst klar, wenn man lang genug die heilvollen Texte studiert. Zusammen sagen sie deutlich viel mehr als sehr viel aus. Manche Wörter stammen aus einem kleinen Kreis von Begriffen, die entstanden sind, um spezifisches zu beschreiben. Andere verweisen auf ihren Ursprung, sind verschachtelt unergründlich. Der weise Begriff meint jemand mit sehr viel Erfahrung, den Repräsentanten einer Kultur, den Vernunft begabt voraus Denkenden, den Vermittler in einer Ära, wo noch zahlreiches natürlich war, meint jemand mit weißer Erscheinung, meint den letzten seiner Art mit weißen, alten Haaren oder den mystischen Geschichtenerzähler. Wahrlich ist das Wort von einer (vergessenen) Aura des Gesegneten umgeben. Das Altehrwürdige ist wirklich sehr alt und geradezu magisch in Gebrauch.

Die Religionstexte erwähnten eine Gruppe von Weisen,

                    Warum existiert alles natürliche?

die

ursprünglich

auf verschiedenen Inseln lebten, allesamt von einander getrennt. Der Zufall wollte, dass bewohnte Eiländer von hohen Wellen überspült wurden. Die unsterblichen in seiner reinsten Bedeutung - die nicht gestorben sind - wurden nacheinander von einem guten Mann gerettet. Er war Seefahrer auf seinem Schiff ohne Motor. Es wurde von einem großen Fisch mit dem Seil im Mund gezogen. Er hatte sich einverstanden erklärt, die See zu passieren. Schließlich gelang die Absetzung auf einem sicheren Festland. In dieser Zeit sprachen die Kapitäne noch mit den Fischen. Mit ihnen zu sprechen müsste bedeuten, sie domestizierten intelligente Meerestiere (großes Gehirn) wie wir Büffel für die Felderarbeit.

Bild Wal: Wild und harmlos wie Elefanten

Südlich Indiens liegt bekanntlich der indische Ozean. Keine große Insel ist in dieser Gegend zu finden. Nur östlich ist der indo-malayische Archipel lokalisiert, wohin die Kolonialmächte unmittelbar dahin zogen. Die ostindischen Überseegebiete waren vor sagenhaft langer Zeit naheliegend. Eine Überquerung des Gewässers war leicht möglich. Die Landklaffung auseinander machte die Benutzung des Bootes erforderlich. Nur die intelligentesten oder erfahrensten kannten noch den Weg zum Festland der Riesenwelt. Auf schwimmenden, entwurzelten Baumstämmen war das Ziel unbekannt. Kleinere Insulaner, Ameisen, Affen u.a. klammerten sich an ihnen. Das Bild erinnert an die wenigen, glücklichen Überlebenden bei schnellen Tsunamies. Es war sonst nie notwendig gewesen, sich aufs (verdammte) Festland zu begeben bis zu jenem Untergangsstadium eines Insels. Höchstwahrscheinlich waren gut befestigte Heimatgewässer von sagenhafter Fortschritt ähnlich wie Atlantis es einmal gewesen war. Ihr Vorsprung war überproportional. Darauf deuteten die heiligen Texte ansatzweise hin bzw. die zuständigen Bände waren in der lang dimensionalen Zeit verloren gegangen. Heiligenbilder in alten Tempeln resp. Dazugehörige, hölzerne Skulpturen beweisen die Vermutung. Sie sagen mehr als Tausend Worte.

Damit ein Schiff von einem Fisch über die (kleinen) Seepassagen gezogen werden konnte, musste sein

Körper sehr groß gewesen sein. Einfache verstehen die Kommandos nicht. Riesendelphine oder Wale kämen zur Auswahl in Frage. Die Bewohner wußten sehr viel über die Gewohnheiten der Meeresbewohner und wußten sie instinktiv zu nutzen. Auf dem Festland lehrten die Weisen die ahnungslosen. Sie bildeteten die nächste Generation von Weisen bzw. Gelehrten aus. Die heilige Schrift beinhaltet ihr Wissen in einer Urzivilisation. Resümee: Bisher haben wir gedacht, die Arabische Händler wären die ersten Seefahrer der Sintbads. Sie könnten die Küstenorte erstmals mit Waren beliefert haben. Übrigens, die Inka-Fischer versorgten ihre Hafenplätze mit Meeresfrüchten, sogar aus der Tiefsee (früheren Datums).

Bild Raupe: Mehrere Daseinszustände, vermehrte sich in der Seiden-Antike gut.

Schriftdatierung

Nun bewahrheitet sich eine ganz andere, ostindische Urseefahrerversion, die das Wissen der Weisen vor dem Untergang rettete. Wir dürfen nicht vergessen, die benachbarten Burmesen, Thais, Khmers, Malays, Indonesier, Fillipinos benutzen annähernd die gleiche Schrift, wobei die östliche noch einfacher, daher früher zu datieren sind. Im Vergleich dazu sieht die chinesische Schrift ganz anders und vorallem ganz primitiv, geradezu unterentwickelt, aus. Das sagt jedoch nichts über den menschlichen Charakter aus. Das gemeinsame ist der schöne Stil oder die Kalligrafie, das Schwungvolle - die ästhetische Eleganz, ein Fach für sich. Bei allem Respekt, der Glaube hat sich im fernen Osten gewandelt. Das ist mit Abstand das wertvollste im Geiste des Asiaten. Die Veränderungen kamen Schritt für Schritt. Das ältere, ausdrucksvolle Schönschreiben wich dem jungen, dichten Informationsgehalt. Schriftzeichen und Bilder zu betrachten, kosten Geduld und Nerven in der Lesart.

Heilige Schriftsysteme hielten sich bis zu den Azteken, Mayas, Inkas, Altägypter, Altaraber, Altinder, Altchinesen. Die mündliche Sprache der Uraustralier drückt das ungeschriebene aus. Kann es sein, dass ihre Urzeit kahl und wüstenartig geprägt war? Spärlicher Pflanzenwuchs gewährte eine Rückentwicklung im Schreiben. Die vergessene Schrift wartet darauf, erneut

                    Warum existiert alles natürliche?

aufgeschrieben zu werden.

Ein striktes Einhalten an Traditionen sicherte die Zusammengehörigkeit, den Respekt für die Kultur. Nach außen hin kommunizieren die Landsleute mit der gleichen Sprache. Mißverständnisse entstehen, wenn sich die Dialekte sich auseinander entfernen. Dann wird die Forderung nach einer Standardisierung groß. Aus der keltischen findet derzeit die romanischen Alphabeten Anwendung. In Australien wird Englisch einheitlich für die klare Verständigung benutzt. In Südamerika nach Kolumbus wurde Spanisch und Portugiesisch eingeführt. Viel hürdenreicher gestaltete sich der eigenständige Prozess bis zu den ersten Schriftzeichen. Die einfachsten waren leicht zu lesen, leichter verständlich, reiner in Gebrauch, sinnvoll in der Bedeutung und vorallem eindeutig. Auf der Rückseite der Medaille verzögerten erzkonservative Haltungen weitreichenden und effektiven Veränderungen im Deutschen. Fremdes Wissen wurde sehr geringmäßig aufgegriffen. Fremde Schreibweise wurde als teuflisch gebrandmarkt. Das, was sich schließlich durchsetzte, musste etwas überaus gutes gewesen oder himmlisch von den Engeln gebracht worden sein. Bände halten das aktuelle Wissen fest. Sie wachsen mit der Zeit. Dadurch müssen Lehrer mehr erklären. Schulkinder beschreiben aus der Unsicherheit den Inhalt des Gesagten. Es gibt anspruchsvolle (philosophische) Literatur und einfache, romantische. An die Religionsbücher wagten sich kulturell nur die Ausgebildeten heran.

Gleichberechtigung

In der Antike war das Persische Reich kein unbekanntes Land. Seine Vorliebe für die Farbenpracht in den heiligen Stätten (Persepolis) und den Tempeln auf dem Olymp führen direkt zu den Tropen. Bunte Basare haben bis heute einen besonderen, unvergleichlichen Charm. Die Orientalen hütteten ein Geheim, das sie unangefochten zur friedlichen Führungsnation beförderte. Eine der imposantesten Tempelanlagen demonstrierte den Sitz der Macht eines Gottes im Großraum von West bis Ost (Indien). Von allen Landesregionen pilgerten die Gläubigen zu diesem Komplex. Es war ihr Mekka. Das wohl mächtigste Portal zeigt ein beflügeltes Riesenwesen, welches mit einem personifizierten, männlichen Garuda verglichen werden kann. Inschriften in mehreren Sprachen hießen die Angekommenen Willkommen. In den Städten wohnten ausgesprochen viele schöne, weibliche Zeitgenossen. Vor dieser Kultur verehrten Stadtbewohner in einer östlichen Vorläufer eine Adlergöttin, wie auf einem schönen, gefundenen Relief zu sehen. Gottheiten der Vorkulturen in Sri Lanka können sowohl maskulin als auch gleichberechtigt feminin sein. Die Gleichsetzung von Urmänner und Urfrauen leitete sich aus einem höherwertigen Vernunft ab. Tiere leben in Paaren. Wir emanzipieren uns vor kurzem. Frauen durften erstmals 1853 in Kolumbien die Regierung wählen.

Absolute Macht

Eine absolute Position einzunehmen, war geschichtlich nie etwas gutes. Das Ausgrenzen, den eigenen Anspruch gewaltsam Geltung zu verschaffen, führten zu Kriege. Große Kriege wüteten in einem großen Raum, zerstörten Kulturen, brachten Hunger und Tod über die armselige Gesellschaft. Eingebunden in einem neuen Reich spalteten die unterlegenen Provinzen sich bis zur Auflösung. Nach dem Sieg wiederholte sich der

Untergang erneut intern. Manchmal kam die Einsicht, dass ein Komet auf die Erde fallen müsste, um allen Parteien den übergöttlichen Charakter nahebringen zu können.

Altägyptische Mythen, Traditionen und die Verlegungen ihrer mächtigen Zentren passten logischerweise nicht gut zusammen. Den Pharaonen vermochten ihre existentielle Entscheidungen leicht zu fallen. Sie vereinigten Ober- und Unterägypten. Schwache Gottherrscher hatten mit innergesellschaftlichen Zerstreuungstendenzen zu kämpfen. Sie konnten nur unter größter Anstrengung die Einheitsnation zusammenhalten. Seuchen, die Todeskrankheit der erstgeborenen (und alten schwachen), überregionale Plagen und dergleichen jenseits der Grenzen kündigten von einer neuen Aufbruchszeit. Aber die zuständigen Pharaonen hielten bei unerklärlichen Phänomenen unbeirrter an ihren heiligen Ahnen, ihre Religion fest. Sie weichten nicht von ihrer Position ab. Schließlich konnte das einfachste Volk in der Hoffnungslosigkeit nicht durchhalten. Der Exodus war vielleicht vorhergesagt worden. Das übergöttliche war ein Spezialgebiet der Pharaonen, der Bauer spezialisierte

                 Warum existiert alles natürliche?

sich auf seinen Ertrag. Verseuchtes Wasser erstickten seine Felder. Hunger und Krankheiten erfordern schnelle Taten. Im Gebet erhofften sie sich keine Rettung. Offenbar hatten ihre Götter sie verlassen. Frühere Pharaonen verfahren anders.

Bild Stromzufluss: Viel Schnee ist geschmolzen

Ihre heilige Pflicht ist, ihren Stammraum zu hüten und vor dem Untergang zu retten. Sie konnten nicht anders handeln. Durch den Handel zu vorgriechischen Zeiten kannte die Oberschicht das nordmediterrane Staatsgebilde seit langem. Beide Völker am Mittelmeer glaubten an die Naturgötter. Der Austausch des Wissens fand leichter statt. Dieses freundschaftliche Verhältnis war den aufkommenden Römern ein Dorn im Auge. Sie machten sich auf, Ägypten zu erobern. Das war der Beginn, das Großgebiet des Mittelmeeres auf dem Landweg zu unterwerfen.

Kleopatra regierte ein altes Reich und wollte neue

Maßstäbe in Europa setzen. Viele sinnvolle Erfindungen hatte die Römische Gesellschaft noch nie gesehen. Die starke, unersättliche Vormachtstellung sollte ihr Territorium ausbluten lassen und Kostbarkeiten aufnehmen. Die Pharaonin hatte groß für ihre Kultur geworben. Ja, Millionäre könnten davon inspirieren lassen. Die römische Taktik war einfach und wegen der Heimtücke von Troja gleichfalls von Rache erfüllt. Auf der Nilseite kamen die Toleranz, das friedliche Leben, den Gedanken für den Aufbau einer Gesellschaft über die Grenze hinaus, die vertrauensvolle Koexistenz u.v.m. Kleopatra hoffte vergeblich, weil auch die ruhmreiche Heeresstärke alias ihre Bevölkerungsanzahl seit Tausenden von Jahren abnahm. Stichwort Ramses II. Ihre Überlegenheit hätte sich positiv auf die europäische Einigkeit ausgewirkt. Stattdessen zerfiel das Imperium. Sein Schicksal der Römerunterzahl ereilte es in resoluter Geschwindigkeit.

Das Abendland wie wir kennen, bezog sich einst auf das Keltenland der Dämmerung (ohne Sonne), wobei die Dunkelheit schwach farbig vermischt war. Hier fühlte man sich geschützt. Sodann erwachte das Leben in der sehr langen Nacht. Blutbuchen haben eine dunkle Erscheinung. Kelten hatten tiefrötliche Haare. Mit der Helligkeit kam das Unbehagen. Denken Sie an das Abendessen im Restaurant, den Theaterbesuch, das Kino, die Diskothek. Bevorzugt wird das warme, schwache Licht für eine optimale Stimmung. Ist das Licht zu hell, wird es mit blau assoziiert, welche die geborgene Sicherheit gefühlsmäßig ausblendet. Weihnachten in der früheren Kommerzlosigkeit war sehr willkommen. Der reiche Schnee sorgte für eine gute Sicht unter dem Mondlicht. Man erzählte von dunklen Gassen in ehemals armen, vorindustriellen Vierteln Londons. Die meisten, westlichsten Orte Europas waren lange verhüllt und isoliert. Der Schnee blieb nicht lange auf der Landschaft.

Hohe Urkulturen vom Rang

Zentralkontinentale Flächen liegen höher. Die höchsten liegen in den Alpen. Es ist sachlich begründet, dass urzeitliche Wattgebiete Küsten waren. Wuchtige Südwellen und -winde prallten dauerhaft auf die Landmassen. Sonderbar temperierte Berge wurden zu

Schutzheimat der Ursiedler. Darauf verwurzelten sie sehr lange und bauten stark befestigte Urstädte. In Peru sind großdimensionierte Wassersammelanlagen noch erhalten geblieben, im Inka-Reich sehr heilig, z.B. Moray, Sacsayhuamán. Nasca-Linien zeugen von frühesten Heimatgebiete. Flache Bergebenen sind künstlich geschaffen. Das langanhaltende Wunder-Phänomen bis weit in den dunkleren Zonen war dem Südwind zu verdanken, heute einigermaßen vergleichbar mit dem Golfstrom im Atlantik. Farnen und bunte Kräuterblumen, typisch für eine warme Vorzeit in der Erdgeschichte, sind die wahren vegetativen Erben. Tierische (Falter, Hummel, Salamander, Schlange, Adler, ...), darunter menschliche, waren in diesem mehrfach hohen Mikrokosmos gut aufgehoben. Frostsichere Bäume der unterschiedlichen Art wuchsen relativ konstant über den Gletscherhöhen sowie auf den niedrig gelegenen Küsten- und wasserreichen Regionen. Die tiefer gelegene, klimatisch günstige Urvegetation und -fauna wuchsen in die Höhe. Ausnahmen bildeten die Inseln im Meer. Schicht für Schicht lagerten sich die verwehten Sedimente. Viele große Gesteine hafteten am Boden. In der langen

 Warum existiert alles natürliche?

Geschichte des Kohleabbaus unter Tage für die Industrie haben Fachleute eine sehr lange Existenz von Ur-Ur-Wälder vermutet. Kohlevorkommen haben das moderne Zeitalter erst ermöglicht.

Vorstoß der Volksgruppen

Diese Merkmale im Vorabendland kannten die Urkelten gut. Sie gebrauchten ihre mündlichen Begriffe sehr sicher, nicht aber die Schrift. Hier trafen sich zwei gegensätzliche Volksgruppen aufeinander. Die eine Seite sind nördlich angesiedelt, die zweite südlich. Geografisch prallte die afrikanische Erdplatte mit Italien, Griechenland und dem Mittelmeer auf die ureuropäische. Immer höher werdende, alpine Bergketten (Olymp) bildeten die Grenze. Griechische und Römische Gelehrten lehrten ihre Schrift und ihre Religion. Die Lateinisierung im Imperium schwächte sich nach dem Verfall. Im Nachhinein entstanden die romanischen Sprachen, die die nordisch mündliche und die schriftliche Begriffsbedeutung im Abendland zusammenschmelzen ließen. Viele Wörter lassen sich einfach erklären, haben aber auch einen tieferen Sinn.

"Carpe diem" bedeutet zwar "Nutze den Tag", seine heilige Aussage besagt: "Jage am hellen, kurzen Tag".

Die altgriechische Gesellschaft verehrte die Götter der hellen Welt. Hades symbolierte die sehr kurze Dunkelheit. Im Morgenland nebenan lebten die Früh- Perser zumindest etwas unter der Sonne. Die tatsächliche Dunkelheit war ihnen sehr suspekt. Sie gleichte einem Ort der Unterwelt. Aus der Eingrenzung leiteten sich die Kontinentennamen ab. Die Altägypter teilten ihr fruchtbares Reich zwischen Afrika und Asien auf. Altgriechen vergaben den Namen Europa. Vor der Nil-Zivilisation, so besagten die Grabanlagen-Inschriften der Pharaonen, war Nordafrika vornehmlich in der tiefen Dämmerung verhüllt. Steinreliefs der summerischen Göttin Ishtar weisen auf die Lebewesen der Nacht (Eulen, Greifvogel) hin.

Bild Göttin Ishtar: In fruchtbarer, nachtaktiver Fauna

Alte Vogelarten zogen ihren Jungen zumeist in ihrer Stammheimat auf. Das Leben nördlicher Hemmisphäre

        Warum existiert alles natürliche?

fand nicht auf niedrig gelegenen, trockenen Böden statt. Kalte Sümpfe und Feuchtgebiete boten Schutz für lange Zeiten. Von Himalaya bis zu der Sahara erstreckte sich das weiße Großgebiet. Helle Rassen entfalteten sich vollständig. Sie müssten von anderswo gekommen sein. Aus dem Südpol am Anfang der Welt? Wenn dem so wäre, wie konnten sie bis dahin geraten? Angenommen, sie waren ebenso intelligent wie wir jetzt, dann war es ein leichtes Spiel für sie, sich über dem ganzen Erdball zu verteilen. Dunkel gebräunte verfuhren in der gleichen Weise. Das alles geschah vor unserer Welt.

Die Religionen entwickelten sich unter der Sonne am effektivsten. Jeder Stamm etablierte sich auf seinem ureigenen Kontinent, ob alte Nordafrikaner, Ägypter, Araber, Hindus, Khmer, Chinesen, Malays, Indonesier, Australier, Azteken, Mayas oder Inkas. Alte Ruinen und schlecht erhaltene Reliefs der Hochkulturen datieren das Endstadium einer heiligen Gemeinschaft. Ihre Nachfahren verließen die unwirtlichen Orten. Sie zogen nach einer sehr langen Verweilzeit nacheinander weiter. Seit frühesten Phasen orientierten sich die Gläubigen an Gott und an die Gottheiten. Jesus glaubte an Gott, gehörte nach eigenen Angaben zu den (biblischen) Kindern Gottes. Römische Provinzverwalter hörten von den aufrechten Religionsanhängern unter christlichen Decknamen. 2019 Jahre später konzentrierte sich der Glauben auf die Person des Hingerichteten. Gott und die Bibel spielte vor der römischen Ankunft eine zentrale Rolle im Judentum.

Unglück aus dem Herzen

Nichts ist aussagekräftiger als die Wahrheit in der Geschichte der Menschheit. Das Verbergen dieser Fakten, die unverhohlen bösen Absichten im Zerstreuen des wahrhaftigen (heiligen) Wissens, die Ausgrenzung der Glaubensrichtungen bestätigen die tiefgründigen Ausnahmeerscheinungen. Eine tiefverwurzelte, hoch entwickelte Stammesreligion zu zerstören ist einfach (Olymp, Altlateinamerika). Alle auszuschalten macht keinen Sinn, außer die barbarische Brutalität nimmt überhand. Unser wertvolle Bewußtsein darf sich nicht einzig auf die weströmische Denkweise beschränken, sondern aus dem, was den vielen Hochkulturen im Laufe der Zeit überlebenswichtig war. Der Araber wurde

                    Warum existiert alles natürliche?

nicht als Feind geboren, Hebräer nicht als Anti-Christ, Azteke nicht als Teufelsanbeter, Afrikaner nicht als Buschtiere, Inder nicht als dehnbarer Beherrscher seines Glaubens, Chinese nicht als lächelnder Wohltäter mit Doppelmoral. Sie zu unterdrücken, erstickt das friedliche Nebeneinander im Keim. Wo liegt der Sinn, wenn das Gute im Edlen ausgeschaltet, das Böswillige hervorgehoben wird? Wofür ernähren wir hasserfüllte Chaoten? Wozu sollen wilde Hunde unser Begleiter werden? Bei erfolgreicher Schädigung sind Täter Bestien, also nichts heiliges an sich. Ergo, wieso glauben wir trotzdem an Gott? Der Zweck heiligt die Mittel, nicht hilfreich an dieser Stelle weiter auszuführen. Wir können keine Hoffnungen, keine Freiheit der Ehrlichen zerstören.

Eine Begründung zu suchen ist nicht schwer. Aus Lust an der Rache Trojas lernten die Weströmer eifrig den griechischen Glauben, eigneten sich die Fähigkeiten der Kriegsführung an, danach die psychologische, führten das Christentum ein, mit dem Ziel der Verabschiedung alter Götter. Ihre Nachkommen vernachlässigen den heiligen Geist, öffneten indessen die Tore für das

Fantastische (irdische Selbst). Ihre besitzergreifenden Ideen verteilten sich über das Imperium und darüber hinaus. Das Inkognito möchte nicht durchschaut werden. Aus diesem Grunde kann es den weltlichen Verlauf nicht bestimmen. Seine kleine Gruppe lebt von den Frommen, den Gutmütigen, den Warmherzigen. Die Evolution hat den besten Jäger nicht feingeschliffen, um seine Tage alleine in ewiger Verdammnis zu zählen. In den weiten Wüsten Afrikas müssen Löwen von Natur aus sterben.

Bild Jurte: Feuer wärmendes Tipi von Format, Ausdruck der Sonneninnenhitze. Die Nordsteppe wird entweder wüstenartig oder schnell Baumbestand haben.

Anzahl der Reinkarnationen

Zur Tagesüberraschung wies die uraltindischen Quellen dem veränderlichen Aspekt der 3 Hochgötter einen ureigenen Pantheonsplatz zu. Imaginär reinkarniert das Beseelte (Lebewesen, Götter) bis zum erschöpften Zustand. In der Realität Indiens lebt unsere Seele und

 Warum existiert alles natürliche?

die der göttlichen dauerhaft fort, so lange ein Weltabschnitt von 3 noch nicht endet. Im nächsten wird sich alles unter einem Haupthochgott wiederholen. Eine neue Welt wird sich anschließen. In dieser wird das zeitliche Geschehen nicht anders sein, was die Menschheit noch kennenlernen wird. Alle Welten nacheinander reihen sich zu einem Kontinuum zusammen. Die Auswirkungen (Karma) werden sich in den Konstellationen verlagern, wenn Sie wollen, das weltenreichende Prinzip von Ursache und Wirkung.

Urwissenschaftsdisziplinen

Es waren die getrennte Insel, wo jede Frühkultur sich unabhängig voneinander aufblühen konnte. Bei Zeiten des niedrigen Meeresspiegels lagen sie nicht weit auseinander. Im Nachteil lagen die stärksten Urwellen zwischen ihnen. Nicht umsonst schnittig, wendig und schnell sind die Kanus der Südseebewohner gebaut. Sie sind sehr speziell für die Fahrt auf unruhiger See prädestiniert. Die friedlichen Urseefahrer leben heute recht unspektakulär, um so futuristischer sehen ihre Katamarane aus. Die Keilform, Wasserverdrängung,

Leichtbauweise, Schnelligkeit, Windkraftausnutzung u.ä. weisen Merkmale einer Spitzentechnologie aus. Damit fuhren sie von Insel zu Insel. Die Boote sind Transportmittel und Fähre in einem. Die sehr alte Erfindung gleicht einem Geschenk der Götter. Das Südseevolk war primitiv, da sie nicht die Schrift nutzten und mühevoll einzuordnen waren. Sie waren der verheerendsten Natur ausgesetzt. Unter diesen Umständen erholte ihre Population über die Zeiten am schwersten. Bessere Chancen hingegen hatten die größeren Insulaner.

Das <u>Schriftsystem</u> musste auf den großen Inseln perfektioniert worden sein. Die Stämme hatten sich gegenseitig um Hilfe gebeten. Das geschah durch die Korrespondenz der Elite. Ihre Schiffe retteten viele Heiligen und Wissenswertes. Auf dem Festland hatte man solche Fähre nie gebraucht. Die Inselnot (Stürme, Nahrung, Süßwasserknappheit) gefährdete die Exixtenz. Not machte Erfindungen. Die Gesellschaft konnte leider nicht größer werden als sie könnte.

Bild Schilfboot Perus: Heute wie zu Urzeit, als jedes

 Warum existiert alles natürliche?

Die Naturextremformen waren für den Urinsulaner unüberwindbar. In unkontrollierbarer Krisenpermanenz halfen die <u>Gebete</u> in den sicheren Tempeln. <u>Heilige Tänze</u> und <u>vitale Rituale</u> zelebrierten die ursprüngliche Vollkommenheit im Paradies. Viel wichtiger: Sie sollten die Verwahrlosung in der rauhesten Wildnis verhindern. Wie hoch die Wellen waren, können wir uns im etwa vorstellen. Uraustralische Ebenen wurden vom Salzwasser überschwemmt. Viel Sand im tiefen Boden hieße, das Meer hatte sein Ufer kontinental erobert. Hohe, nackte Berge ragten aus der sehr zerstörerischen Urflut. Die Überschwemmungen allein dauerten über Epochen. Kein Mensch konnte sich dort ohne Schutzmaßnahmen aufhalten. Fauna und Flora wurden (genetisch) geformt.

In zeitlichen Abständen traten über-, unterirdische und maritime Veränderungen auf. Ein Fachmann würde den aktuellen Zusammenhang zwischen Orkanhäufungen in Nordamerika und El-Niño-Frequenz in Südamerika erfassen können. Naturgewaltzunahme und seine

Abschwächung war auf der Südhalbkugel erkennbar. Durch das vorgelagerte Australien lagen die indo-malayischen Insel geografisch recht gut geschützt. Die Südwindkraft variierte regional. Weniger ständige Urwellen zogen mehr Standard-Urstürme (über ihnen) mit sich. Außerdem verstärkten pazifische Kräfte die Auffaltung der Erdkruste zu Berge. Die indigenen Völker hielten sich auf höheren Lagen auf. Sie waren hochmoderne Zivilisten. Diese Tatsache lassen sich aus ihren detailvollen Felszeichnungen und Mustern ablesen. Ihre Schrift hatten sie offenbar vorher schon vergessen. Zusammen mit der gesprochenen Sprache bildete ihre Verständigung eine Einheit. Familienmitglieder unterhalten sich mündlich. Die isolierten Stämme residierten entfernt voneinander. Ihre schriftliche Kommunikation litt darunter. Hierzu zwei gute Beispiele. Im Mittelalter lebten Lehrer in kleinen Orten. Sie gingen ihre landwirtschaftliche Arbeit auch nach. Ihre Kinder waren üblicherweise Bauer. Ihr Wortschatz beschränkte sich auf die traditionell dörfliche Verständigung. Die nächste Generation konnte nicht mehr gut schreiben. Auf die urbane Weise gingen die Wörter verloren. Heutzutage ziehen viele

                    Warum existiert alles natürliche?

ländliche Bürger in die Städte. Je mehr Zuzug, desto einfacher werden die Kommunikation, Gepflogenheiten, der Glaube uvm. Logisch. Bildung verschafft Abhilfe. In der Vorvergangenheit war sie, wie alles andere, eine religiöse Aufgabe. Schauen wir nur auf den Stundenplan unserer Kinder. Ethik ist ein Fach des sonderbaren. Es sagt vieles über eine wertlose Gemeinschaft aus. Wir müssen echte Religionsfächer, z.B. Islam, Judentum, Hinduismus, Buddhismus u.ä., in den Schulen einführen. Damit sind nicht indoktrinierte, sondern <u>wahre Lehren</u> gemeint. Der Staat erlaubt den frei wählbaren Glauben und sollte die (Welt-) Religionen im Sinne der heiligen Bereicherung in der Nation verteidigen.

<u>Mythenerzähler</u> der Aborigines waren Lehrer, Erzieher, Aufklärer, Freund, Ausbilder der nächsten Generation und vieles mehr in einer Person. Fest verwurzelt in ihrer <u>Naturreligion</u> hielten sie sich an den Glauben ihrer Vorfahren. Die besagt, dass gute Aborigines (den unzählbaren Erfahrungen nach) wieder zu Menschen geboren werden, schlechte zu Steinen wurden und so ewig den starren Zustand behalten. Sie werden nicht

wiedergeboren. Eine Geschichte erzählte von ihrer Herkunft aus kleinen Inseln. Die Frauen, Kinder und die Älteren mussten vor Raub geschützt werden. Die (starken) Männer fuhren mit ihren Kanus über den See und allesamt nacheinander mit ihnen. Schließlich waren alle auf dem Kontinent angelangt. Hier verteidigten sie ihre Heimat. Eine andere Geschichte beschrieb den Zustand am Anfang. Keine Tiere und keine Pflanzen waren vorhanden. Wieder eine andere schilderte die Assoziation von Riesenkröten, Schlangen und den Regenbogen, die wohl gemerkt, in der Natur zu finden waren. Da gab es Wasser, je mehr desto größer wurden die Kröten und Schlangen. Dem Anschein nach gab es genügend Süßwasser im Norden des australischen Kontinents.

Aus welchem Geschlecht die Ureinwohner abstammten, wissen sie natürlich. Sieben Schwester kamen vom Himmel herunter. Sie mussten ihre Aufgaben erledigen, danach kehren sie laut Plan wieder zurück. Die jüngste verliebte sich in zwei Schöpferseelen. Durch ihre Liason hatten die Aborigines das Licht der Welt erblickt. Die Geborenen sind mit Abstand bildhübsch, wie die

 Warum existiert alles natürliche?

himmlische Mutter, die ihre Unsterblichkeit als Preis dafür abgeben musste.

Es gab Zeiten, wo das zusammengehörige Volk das Firmament nicht akzeptieren wollte. Viel Leben musste unter der erbarmungslosen Sonne eingegangen sein. Pflanzen wuchsen kümmerlich. Das war Anlass den Himmel mit kleinen Stöcken zu bewerfen. Aber er ist hoch und die indigenen gaben nicht auf. Sie bedachten ihn mit immerwährenden Holzwürfen, so kraftvoll und voller Wut. Der Schöpfer bog die geraden Ästchen alias Holz wurde knapp. Sie wurden wiederverwendet. Als die schönen Stücke ausgingen, versuchten sie mit ungeraden. Et Voilà, der Boomerang war erfunden. Seitdem muss man das Werkzeug kraftvoll werfen. Durch die esoterischen, rituellen Erzählungen (Himmel-, Schöpferbezug) ist die mündliche Sprache in Ihrem Kern erhalten geblieben. Gesang und Tanz in <u>Zeremonien</u> erleuchtern den Einsatz von Werkzeugen für die Tierjagd im Meer, in der Luft und auf dem Land. Musikinstrumente wie der Doppelklangstab sind für singende Gebete hilfreich. Speere fanden mit Stimmeinsatz in der Nahrungssuche Anwendung, spezielle unter stürmischen Winden (flugkraftverstärkt). Vogel wurden mit dem Boomerang heruntergeholt.

Bild Känguru: Sehr lange Isolation in der Urhitze optimierte das Springen mit geschütztem Beuteljunge. Hitzeboden brachte uns das Laufen, den aufrechten Gang, Instinkt, Verstand, das Bewußtsein.

Entgegen geläufiger Annahme musste die Isolation nicht unbedingt ununterbrochen gedauert haben. Wegen den außergewöhnlich bedrohlichen Urgewalten hatten Fremde diesen Ort gemieden. Lebensbedrohlich war die Überseefahrt. Abgesehen davon hatte es wenige Blütezeiten gegeben. Die Stämme teilten sich auf der großen Landfläche auf. In der individuellsten, einsamen Art konnte sich keine eigene Schrift und keine eigene Landwirtschaft entwickeln. Man musste sich selbst mit der raren <u>Naturmedizin</u> helfen.

Verzicht in der Realität

Wer einmal nach Australien gereist ist, müsste das Outback

Warum existiert alles natürliche?

besucht haben. Mittendrin liegt eigentlich eine Wüste. Bisher wurden mehr Ackerflächen und Weideflächen für die Bewirtschaftung angelegt. Wo nichts wächst, fehlt einfach das Wasser. Der Boden besitzt eine vielfach dünne Humusschicht mit Sand darunter. Die Wüste lag seit Urzeiten großflächig im erhitzten, niedrigen Großbereich. Das deckt sich haargenau mit den Schilderungen vergangener Ureinwohner. Edelmetalle hatten nicht den Stellenwert von heute. Sehr wahrscheinlich hatte die Urflutwellen oberflächlich vieles weggeschwemmt. Reste blieben zerstreut übrig.

Vereinzelte Gold-Nuggets könnten in der grauen Vorzeit Südostasiens gefunden worden sein. Sie fanden in der indonesischen und malayischen Religion Verwendung. Urinder, -araber, -afrikaner hatten das glänzende Verehrungsmittel gesammelt. Sie wurden zu Tempel- und Moscheeobjekte verarbeitet. Pharaonen wurden mit Gold begraben. Es verbleibt im besten Fall dort unter der Erde. Warum es begehrt war, läßt sich geschichtlich nachweisen. Nirgends stand geschrieben, welchen Wert Edelmetalle haben. Steigt der Preis mit seiner Nutzungsunkenntnis, mit dem Glauben? Ergo, alle Glauben sind in dieser Hinsicht gleich. Nicht alle Leute finden Gold schön, aber seine Nachfrage sagt mehr als Tausend Worte. Wenn alle Gold schön finden, bin ich die Ausnahme? Tempel der Uraborigines sind wahrscheinlich längst von der Kontinentoberfläche verschwunden.

Zweifellos wurde gigantische Schürfmaschinen für die Suche nach Gold in Auftrag gegeben. Weltweit sparen Gebetshäuser seit vielen Hochkulturen mit dem Edelmetalleinsatz. Zum einen stehen sie überall in den Städten. Zum zweiten haben sie größere Aufnahmekapazitäten. Innovative Produkte werden heutzutage nicht wegen ihrer Haltbarkeit gekauft. Im Grunde werden Metalle geschmolzen und dann in einem neuen Kreislauf erneut geschmolzen. Wo genau die Alten Ägypter Gold vorfanden, können wir erahnen. Südafrika hat Edelstein-Vorkommen. Gold lag also geringmäßig nicht weit davon entfernt. Die Fundorte müssten weit südlich auf allen Kontinenten gelegen haben. Fazit: Alle Vorzeitkontinente erstreckten sich bis weit in den Süden hinein vor der Antarktis. Der Südwind von beständigem Dauer schob zusammen mit der Kraft der Urozeane die tektonischen Platten auseinander,

          Warum existiert alles natürliche?

primär nach Norden. Das bedeutet, die Ozeane werden noch etwas größer bzw. breiter (Pazifik, Atlantik) werden. Vulkangebirgsketten alias globale Feuerringe bestätigen die Regel.

Bild Sigiriya-Heiligtum: Garuda, Schlangen- und Gottheiten auf der Anlage, Tempel hoch auf dem Megalith.

6.5 Die Welt vor der Welt

Bisweilen haben wir die Geschichte der Menschheit wahrheitsgemäß behandelt. Für Jahrzehntausende stand Uramerikas erbarmungslose Sonne über Feuerland (keine Nacht). In Afrika ging die Entwicklung von Süden aus. Einer Gruppe von Alteingesessenen nach existierte die dunkle und helle Welt am Anfang parallel zueinander. Wie ist das zu erklären? Lebten die Urafrikaner in der einen, den Rest in der anderen? Wieder nächste schilderte ihre himmlische Verbindung.

Beide wurden durch einen Spinnenfaden zusammengehalten. Er konnte jederzeit reißen. Mit seiner Hilfe gelangte man in die höhere oder umgekehrt in die untere. Wie wir mit den sogenannten sieben Welten zu erklären versuchten, waren sie Zonen von unterschiedlicher Helligkeit. In Zehntausenden von Jahren hatte die Lage sich nicht viel verändert. Das heißt, die Tagzonen waren durchgehend ganz hell, mittel hell, leicht hell und fortsetzend. Das bestätigt uns die Kalendereinträge der Inkas. Sie kannten 20 Versionen davon in der Entstehungsphase. Die Anfangsägypter waren sehr südlich des Ur-Nils angesiedelt. Sie verehrten den Sonnengott Ra.

In Urindien waren wahrlich viele Götter in einer durchmischten Menschen- und Tierwelt eingebunden. Ihre und urostindische Kenntnisse über Gold für Tempelobjekte setzen die Stammeszugehörigkeit zu den Südvölker voraus, also zum Beispiel aus urkontinental Australien. Wegen der Urtrockenheit und Urhitze verlagerte die Urmenschheit ihren Sitz in die <u>nördlicheren Vegetationen</u>. Der real ultralange Zeitraum in nahen Meeresüberquerungen, der Religionsreifung,

Schrift-, Kalender-, Hochkulturenveredelung, modernen Erfindungen stimmt mit der Dauer überein, in der die Sonne sich von Südpol aus bis zum Äquator (spiralförmig) hoch bewegte. War das Fixlicht recht konstant hell, spalteten sich seine Schattierungen geografisch auf. Pausenlos wandelte sich das himmlisch unveränderliche zum 24 Stunden Tag-Nacht.

Am Äquator sind die Tage und Nächte gleich lang, also gerundet 365,2 Tage im Jahr. Diese Einheit haben wir erst vor ca. 2000 Jahren definiert. Am Anfang gab es keine Jahre, keine Tage, keine Nächte. Stattdessen kam es einem wie eine Ewigkeit vor. Der Himmel symbolisierte das Gute, die Dunkelheit die Gefahr. Wenige lichtempfindliche erkannten die starke Dämmerung als Schutz an, die Sichtbarkeit als schlechte Bestimmung.

Realnutzen

Die Südmenschen konnten die Milchstraße sehr gut studieren. Südseefischer benutzten seit sehr langem die Leitsterne zur Navigation. Ihre Sternenkunde war sensationell. Die Schilderungen der Primitiv-Völker sind simple, sehr knapp, dennoch präzise, weil sie sich an ihre Naturreligion festhalten. Alle Völker hatten die Sonne gesehen oder ihre Wärme gespürt. Das ist eine heilige Botschaft in den Lehren. Wir, moderne Bürger können uns nicht leisten, das einfachste Wissen zu vergessen. Dadurch fügen wir aus Unkenntnis der Natur und unserem Paradies Schaden zu. Unsere Nahrungsmittel werden verseucht. Was wir gerne zu uns nehmen wollen, z.B. Garnelen, Austern, Hummer, Thunfisch, können weder zwischen schwimmendem Plastik noch Zivilisationsmüll leben (Tod durch Plastik im Magen, Bestandsabnahme in warmen Teilen der Ozeane). Im Falle des vielen Lernens in der Schule sollten wir uns Wichtiges aneignen. So kann sich die maritimen Populationen erholen. Wir können die positive Entwicklung unterstützen, nicht im Verzicht auf das Angeln, aber im Verwildern von Zuchtbeständen.

Wann die Welt begann, können wir die nördlichen unter uns fragen. Vermutlich würden wir entweder ein "sehr lange her" oder "seit Wotan" als Antwort hören. Fragen wir die Südländer, würden wir vermutlich ein "vor 5000

                    Warum existiert alles natürliche?

Jahren" bekommen. Wenden wir uns an einen Azteken, würden wir vielleicht ein "13.0.0.0.0" wahrnehmen. Genau kann keiner sagen. Bei einem Orientalen würde ein "vor vielen Hochkulturen" uns nicht überraschen. Afrikaner würden lange überlegen. Asiaten könnten ein "zu Zeit der Hochgötter" oder "seit dem Yin-Yang-Aufbruch" zum Ausdruck bringen. Archäologen würden auf alte Funde (115.000 Jahre) verweisen. Die zweite Frage lautet, wie lange Beweisstücke in der Erde halten. Gehören sie zu Menschen oder zu den primitiv aufrecht gehenden, die Lust hatten, Bilder an Felsen zu malen? Viele hinterließen ihre Erinnerungen, praktisch überall auf der Welt. Sie waren naturgemäß mehr als aufrecht gehend.

Alte Zeitangaben

Entscheidend ist festzustellen, ob die Nordmänner länger existierten als die Südländer. An letztere kommen wir wahrscheinlich nicht vorbei. Das Christentum hat es seit ca. 2000 Jahren gegeben. Waren die Religionen der Kelten und Wikinger 5000 Jahre alt? Meistens werden nicht mehr für alle Kulturen

angegeben. Vereinzelt werden außergewöhnlich lange Stammesalter zugemutet. Keltische und Römische Nachfahren denken in verschiedenen Kategorien. Wenn wir das Alter der Wikinger nicht kennen, wie könnten wir das der Südamerikaner nennen? Kein namentlicher Wissenschaftler regte sich über die Zeitangaben in der Gesamtheit der Lexika auf. Brauchen wir 5000 Jahre, ehe die Haut weiß wird? Die Wahrheit ist, die Haut war schon seit 2000 Jahre weiß. Osmanische Beobachter hatten gegen 1350 von weißen Bulgaren/Rumänen berichtet. Die Römer erwähnten solche Tatsachen nicht. Sie sahen in ihnen primitive. Heute liegen die Gebiete der weißen Humanen (weiße Haut, blonde Haare) objektiv gesehen ab Litauen. Bis dahin wurden sie verdrängt. Viele hatten sich in der Römischen Kultur integriert. Das geschah innerhalb von 800 Jahren. Das ist eine Zahl, die wir als Ausgangsbasis heranziehen können.

Bild Schwarm: Ozeane können uns wie zu Urzeit ernähren. Erhitzte Meeresoberfläche gaben maritime

                Warum existiert alles natürliche?

Felszeichnungen in der Sahara sind aufgetaucht, die von einer weißen Population suggerieren. Ihre Zeitdauer können wir nicht abschätzen. Wir können aber davon ausgehen, dass ihr historischer Ablauf sich vor mehr als 800 Jahren unterhalb von Rumänien langsamer zugetragen haben. Wenn man die Römer mit dem Untersahara-Volk gleichsetzt, dann tauchten sie westlich vom Paradies auf. Unbekleidete schlugen sich bis zum warmen Schlangenrevier durch, was auf viele Wasserquellen hinweist. Mehr noch, der Apfelbaum wurde kultiviert, stand genau in der Mitte eines Gartenheiligtums. Gott nannte seine Glaubenshüter Statthalter. Sie bauten imposante Anlagen zu Ehren des Allmächtigen. Auf den Nenner gebracht, er hatte alle Befugnisse in seinem ungezäunten Garten. Jeder kannte ihn, sprach mit ihm. Nichts von all dem wußten die heutigen Wüstennomaden. Es dauerte lange, bis dunkelhäutige die einstige grüne Landschaft prägten. Mehr Höhlenmalereien in Spanien und Südfrankreich geben uns eine Vorstellung von der Fremdumgebung. Seltsam nur, eine Tiergruppe hatte weiße Punktmuster auf ihrem Fell. Entweder die weißen Rassen waren sehr früh verschwunden oder sie konzentrierten sich auf das ewige Schneekernland. Am schneearmen Randgebiet und Mittelmeer könnte die Frost eine Landbrücke gebildet haben.

Jetzt ist es höchste Zeit, uns zu fragen, ob die moderne Datierungsmethoden präzise sind. Es gibt Thesen der Ungenauigkeit von Proben, solche von mehr als 60.000 (70.000) Jahre. Neue Methoden sind genauer. Eine zweite Annahme schließt den ewigen Schnee in Urspanien und Urfrankreich aus. Hier lebten keine weiße Rassen. Das stimmte zum Teil. Ohne Licht und Schnee könnten sie sich tarnen. Sehr wahrscheinlich floß das Schmelzwasser. Es regnete sehr oft und in Mengen. Die Höhlen waren riesige, unterirdische Flußläufe. Irgendwann fiel der Regen weniger, zwischendurch gelegentlich, schließlich kaum noch (Wüste). Die Höhlen füllten sich nicht vollständig, ..., trockneten aus. Zunächst geschah das ganze in einer Zeit, wo keine oder kurze Helligkeit zu sehen war. Die

                    Warum existiert alles natürliche?

Wärme des Meeres stiftete die Dauergrundlagen für das Küstenwachstum. Eulen u.ä. sind die Überbleibsel der nachtaktiven Welt. Grund, warum die lange Dunkelheit verehrt wurde, nicht im negativen Sinne, wiederum aktiv aus der thermischen Strahlenkraft versteht sich. Das blieb den meisten lebenslang verborgen. Ihnen ging es um das nackte Überleben.

Altägyptische dunkle Gebiete wurden erfahrungsgemäß zur Unterwelt erklärt, denn es war sicher, dass kein Mensch ungestraft bzw. ungerichtet daraus entkommen konnte. Dort ist definitiv nicht das Paradies. Adam und Eva mussten auf sich selbst verlassen. Die Statthalter hüteten sich davor, ihr Stammgebiet zu verlassen. Mit ihnen war es nicht zu spaßen. Einzig Gott war ihnen heilig. Das Gegenteil ist der Satan.

Die Ur-Chinesen jedenfalls lebten in der abwechselnden finsteren Wärme (Yin-Yang). Ihr Kalender basierte auf dem Lauf des Mondes von gerundet 30 Äquatortage. Wenn das Licht für eine gewisse Zeit auftauchte, war die Sicht sehr farbenfroh. Die Umwelt reizte zum Malen des Gesehenen. Bilder hielten etwas fest. Aus ihnen sind die

Schriftzeichen entstanden. Sie existierten, generell gesehen, vor mehr als 5000 Jahren, könnten ohne weiteres vor mindestens 10.000 Jahren benutzt worden sein. Zu Beginn waren die Schriftzeichen uneinheitlich, die Bedeutungen viel deutend und weniger von der Oberschicht geschrieben denn gemalt. Die Farben hatten eindeutige, urheimatliche Assoziationen.

Anders als die Urkelten kannten die Wikinger die Feuerbestattung für ihren wichtigsten Clanoberhaupt. Das spielte eine außerordentliche Rolle in der Frostumgebung. Der Anführer hielte das Feuer aufrecht. Sie schickten Vertrauenswürdigen los, um es zu holen. Woher der gezündete Fakel jeweils kam, war leider nicht überliefert. Ihre Naturreligion kannte die heiligen Attribute.

Das Feuer loderte dort, wo die Dauerhitze vorherrschte, nämlich am Ur-Antarktis, bestehend aus Ur-Australien, -Indien, -Afrika, -Südamerika. Vielfach gelagerter Äquator mit ihren Tropen entstanden und vergingen. Nackte Urmenschen hatten ihre guten Zeiten im beständigen Paradies. Sie waren in der Landschaft eingebunden, Heimat unserer aller (tierischen) Gene.

                    Warum existiert alles natürliche?

Weshalb sollten die Urvorfahren Ausnahmefälle sein? Waren alle nackt gewesen, wie in der Bibel geschrieben steht, dürften die einfachen Ur-Perser gut geschützt im Urwald gestreift haben. (Vorkultur-) Indianer sei hier erwähnt.

Sekundäre Ausnahmen stellten die weißen Ursiedler auf den Schneehöhen dar. Bekleidet würden sie auffallen. Tiere bekamen ihr weißes Fell, Urschneemenschen müssten groß gebaut sein, die die Kälte trotzten. Sonnenstrahlen unterstützten sie über ihr Hautorgan. Das Geheimnis ihrer Tarnung besteht in ihrem (reflektierenden) Teint. Gesehen aber nicht aufgefallen, lautete die uralte Devise. Die Gefahr, aufgefressen zu werden, war groß. Ihr Vorteil auf der Hand: Sie mussten sich nie mit Wasserknappheit plagen. Die angenehmere Kälte hat bestimmt einen Namen, die unerbittliche einen grausamen. In der Wüste hingegen, verdurstete man.

Was den nördlichsten Urmenschen in der wärmeren Dunkelheit anbelangt, standen ihnen genügend Regenwasser zur Verfügung. Das Wild und die Fische sollten genügend vorhanden sein. Die beutereiche Dämmerung hatte sicherlich einen Namen, die stockfinstere einen hässlichen. Die, die schlecht unter dem Mondlicht sehen, hatten einen schlechten Los gezogen. Sollten wir Zweifel an den nächtlichen Tatsachen hegen, wäre die Erinnerung an die Generationen vor uns angebracht, die stets ohne Licht schliefen. Mitten in der Nacht gingen sie wie Schlafwandler auf die Toilette und den Weg zurück zum Bett, wenn es sein musste, mehrfach. Wir haben doch Ohren zum Hören. Wir hörten die leisesten Geräusche. Es kam vor, dass wir die Katze in der Dunkelheit nicht sahen. Sie wunderte sich mit dem lauten "Miao", wieso wir nächtlich so blind waren.

Streng genommen, hatten die Kelten die rötlichen Haare durch die Farbe der ewigen (warmen) Tundra unter dem Licht bekommen. Auch sie lebten wie die Natur es vorgesehen hatte. Im Gegenzug hatten Dunkelhäutigen die Farbe der ewigen Dunkelheit bekommen. Selbstverständlich hatten sie keine Bekleidung. Der Asiat gehörte zur Mischrasse. Die Haut hat Pigmente, das Haar nicht. Bewundernswert haben Schmetterlinge seit sehr vielen Generationen die Farben der Umgebung angenommen. In einem Dschungel mit verschiedenen Blumenfarben sind sie ebenso vielfarbig geworden. Gottesanbeter haben eine grüne Farbe zur Tarnung. Sie lebten in hellen Lichtungen. Anderswo fielen sie sofort auf. Eine kleine Unvorsichtigkeit und sie sie wurden sofort gefressen. Manche Tannen haben sehr dunkle, grünlich farbene, dichte Nadeln im Sonnenlicht. Kein Zufall: Die Ur-Menschheit hielt sich dort auf, wo die Sonne zumindest eine Zeit lang schien.

Ameisen in den Tropen sind schwarz und groß. Rote Artgenossen sind im Vergleich kleiner. Vertreter in Amerika haben Erdbauten, die für uns sehr fremdartig groß aussehen. In ihnen wohnt ihr ganzer Staat. Ihre Körpergröße sind legendär. In der Nähe von Frankfurt siedeln sich schwarz-rote Ameisen an. Ihre Farben sind eine Mischung aus der rötlichen Tundrafarbe und gleichzeitig der pechschwarzen der Nacht. Auch sie sind größer als die roten Ameisen und hausen in Erdlöchern, die sie selbst ausgehöhlt haben. Sie nutzen zielbewusst die Wärme tief unter Erde aus. Ihre Körpergröße stehen den tropischen vereinzelt in nichts nach. Daher überdauerten sie wohl alle bekannten Epochen. Ihre Behausungen sind im Verhältnis zu unseren von sehr hoher Qualität und Robustheit. Im Maßstab kleiner

könnte ihre Bauart eine Intelligenz zur Schau stellen, die ihres gleichen finden. Denn instinktiv beherrschen nicht alle Ameisen diese tiefe und dennoch hohe Baukunst. Verallgemeinernd können wir sagen, die Tiere, Menschen und die Vegetation bekamen ihre Farben von der dauerhaften Umgebung. Aus unserer inneren Uhr heraus wissen wir, wie viel Zeit eine Adaption im natürlichen Aussehen benötigt. Raten hilft wenig. Innerhalb der 2000 Jahre europäischer Zivilisation hatten die Weltbürger ihr Aussehen kein bischen geändert.

Bild Reiher, Storch: In Feuchtgebieten heimatlich sehr willkommen. Bei Hitze können sie wegfliegen.

Beim näheren Zusehen wilder Landflächen (Mittel-) Deutschlands wachsen Farnen wie von selbst. Wo Eis und Frost für unglaublich lange Zeit die Oberfläche bedeckte, wachsen sie nun auf warmem Boden wieder in der Heimat. Irgendwie schafften sie Frost, Dunkelheit, Hitze unter der Sonne u.ä. zu überleben. Sind ihre Samen viel fortschrittlicher als wir erahnen können?

              Warum existiert alles natürliche?

Blumen haben Farben. Die Lichtbrechung heben sie hervor. Ohne Helligkeit sind sie bedeutungslos unsichtbar. Tiefseebewohner sehen darunter monströs aus. Das Licht war Schuld, in der Tiefe fällt solches nicht auf.

Leben auf tektonischen Platten

Nun sind wir an einem Punkt angelangt, wo offensichtlich keine Menschenseele die genaue Dauer nennen kann, die äquatoriale Hochkulturen sich zyklisch bis nach Europa, Nordamerika, -asien verlagerten. Weshalb ist das Bewegungsmuster nordwärts klar und deutlich? Nicht kompliziert genug. Tektonische Platten verschoben sich in der Vorwelt infolge der Nordwarmzeit südwärts. Die Erdkruste faltete sich in der Südhemmisphäre. Kontinente klebten aneinander am Antarktis. Australien, Indien, Afrika und Amerika waren (mehr oder weniger) verbunden. In sicheren Distanzen von hier aus residierte die modernste Gesellschaft seiner Urepoche. Gleichzeitig tobte am Ende hin die Urzerstörung gerade am Südpol am heftigsten. Soweit sind wir noch nicht angelangt.

Nordamerika, Europa und Asien sind noch getrennt. Zu Beginn dieser Welt waren die Ursüdkräfte abermals am größten. Urhitze erschwerte das Atmen in der Nähe zum Südpol enorm, daher praktizierten Hinduisten (& Buddhisten) ausgezeichnete Atemübungen. Mentale Meditationsübungen halfen in der stürmischsten Ära am meisten. Kontinente driften wieder auseinander in Richtung Norden. Das erklärt die zahlreichen Fossilfunde in den permafrostfreien Nordebenen Russlands. Nachweise menschlicher Besiedelungen sind bis heute erhalten geblieben. Das sind die archäologischen Freilegungen in Kanada, England, Skandinavien u.a. Es würde uns in der Zukunft nicht überraschen, mehr historische Artefakte aus dem aufgetauten Boden auszugraben. Wir leben auf den tektonischen Platten und merken nicht, daß der hohe Norden im Ablauf sehr kalt wurde. Nordamerikanische Indianer trugen fast keine Kleidung, ein Hinweis für eine warme, grüne Ur-Umgebung. Sie war Voraussetzung für die Entstehung einer vergessenen, megagroßen Kultur in Teotihuacan. Alsbald die Nordkontinente nah an die Arktis gerieten, schrumpfte ihre Stämme dramatisch. Nun hat sich die kollidierende Geschwindigkeit

                    Warum existiert alles natürliche?

relativiert.

Versuch der Zeitberechnung

Trotzdem wollen wir den Versuch unternehmen, die vertikale Solarbewegung abzuschätzen. Die Altreligion am Nil hat ein Alter von geschätzt 5000 + 2000 Jahre Christentum. Sie dürfte laut alter Quelle (siehe Kleopatra) bei 8000 Jahre liegen. In Sudan herrschten die schwarzen Pharaonen. Von diesen Epochen sind weniger spektakuläre Zeugnisse erhalten geblieben. Das Land liegt recht nah zum Äquator. Frühe Gottesherscher hatten gegen die Äthiopier gekämpft. Mit ziemlicher Wahrscheinlichkeit erstreckte sich das alte Reich bis Südsudan. Während der Kononialzeit erfogte dann die Trennung am Reißbrett. Da noch nie zuvor gesehen, galten Schwarzafrikaner als primitiv, artverwandt zu den Affen. Den Ägyptern haben wir wohl die alte Sichtweise zu verdanken, dass der Urafrikaner die ganze (ägyptische) Welt besiedelt hatte. Fälschlicherweise bezog man sich auf den Globus. Britische Forscher leisteten sehr viel Arbeit für das Abendland. Abenteuerhauft erkundeten sie das Neuland.

Von Sudan bis Nordägypten haben wir eine schöne Entfernung. Wir können vermuten, wo Pharaonen die Geschichtsschreibung begonnen hatten. Entweder erreichten die ersten Zentralstätten ihre Blütezeiten nahe Äthiopien oder angrenzend. Infolge von Trockenheit versagten die besten Anbaumethoden. Die Herrscher hatten keine andere Wahl, außer ihren Sitz in die nördliche, grüne Landschaft zu verlegen. Dort wuchs die nächste Zentralregion zur vollen Blüte. Diese Tradition bewahrten die folgenden Pharaonen. Auf der Strecke floß der Strom Nil. Er wurde zur Verkehrsader, an dessen Ufer die mächtigsten Städte ihr Häfen besaßen. Heute bildete die Wüste eine natürliche Grenze. Westlich macht sich die Sahara sehr gut bemerkbar. Auch östlich in Arabien verbreitete sich die Wüste und begrub das Paradies unter sich. Insofern hat die Bibel recht. Wir haben wahrlich den trockenen Gürtel hier und jetzt. Der eingezeichnete Äquator auf der Weltkarte behält nach wie vor seine Gültigkeit.

Die Pharaonen setzten die Hauptstadtverlagerungen bis zum Mittelmeer fort. Hier befand sich das Mittlere

Reich. Wenn wir den Sudan mit dazurechnen, betrug die benötigte Zeit mehr als 8000 Jahre. Addieren wir 2000 Jahre dazu (Mittelsudan), betrug die Gesamtzeit 10.000 Jahre. Rechnen wir nochmals 2000 Jahre hinzu (Südsudan mit heiligen Fürsten), betrug die Gesamtzeit 12.000 Jahre. Wir haben immer noch mit einer Schätzung zu tun.

Wegen der Ungenauigkeit der historischen Angabe von 8000 Jahre Kultur berechnen wir einen zweiten Wert. In der Nähe Frankfurts steht die Mittagssonne im Winter (Ende Dezember) bei 17°. In März steht sie bei 45°, in Mai bei 63° Nord. Drei Monate zusammen ergeben eine Differenz von 14°. Zwischen Winter und Sommer (6 Monate) senkt sich die Erde auf der europäischen Seite um ca. 28°. Die Wüste Afrikas liegt zwischen dem 10. (Südsudan) und dem 30. Breitengrad (Nordägypten). Der Mittelpunkt der Trockenzone liegt eigentlich bei 25° Nord. Zu Beginn Altägyptens lag der Wüstenmittelpunkt bei 5° Nord. Vormals lag der Äquator auf der europäischen Seite 20° unterhalb des heutigen. Die Mittagssonne in der Nähe von Frankfurt stand im März also bei vorzeitlichem 25°. Mit Hilfe der Geschwindigkeit der Permafrostauflösung können wir einen dritten Wert berechnen. Man müsste Veränderungen innerhalb einer signifikanten Dauer beobachten, bevor eine Rechnung erstellt werden kann.

Bei 20° geografische Verschiebung vergingen bei den Pharaonen ca. 12.000 Jahre. Die Zeit für eine 90° Verschiebung beträgt demnach ca. 54.000 Pharaonenjahre. Nach der zweiten Methode stand die Mittagssonne Frankfurts zu Beginn des Altreiches bei 25° im März. Zweifach angewandt stand sie bei 5° im März. Zweieinviertelfach angewandt war sie im März nicht zu sehen, aber die Dämmerung. 2,25 x 20° ergibt 45° Verschiebung. 4,5 x 20° ergibt 90°. Setzen wir die Kulturdauer auf 8.000+2000 Jahre (Rom), weil der Sudan bereits zum Altreich gehörte, dann kommen wir auf 4,5 x 10.000 Jahre = 45.000 Pharaonenjahre.

Bild Wüste: 2-Fach Intensität würde Bäume verbrennen

Ein zusätzlicher Wert liegt in der Luft. Die altchinesische Zivilisation existiert seit

existiert alles natürliche?

ca. 5000 Jahre. Die ersten Hauptstädte lagen ganz im Süden. Nehmen wir eine alte Stadt im Süden (23°) als Ausgangszahl. Zwischen der Küstenstadt und der neuen Hauptstadt überwinden wir ca. 17 geografischen Grade. 17° = 5000 Jahre, 1° = 5000 : 17 Jahre, 90° = 26.470 Mondjahre. Wir sehen, die Jahre sind nicht wirklich einheitlich geeicht. Der Schrift nach zu urteilen, war die altchinesische Kultur mit Schriftzeichen älter als die ägyptische mit Hieroglyphen. Bleiben wir bei 10.000 Jahre (siehe oben), ergibt sich folgende Zahl: 17° = 10.000 Jahre, 1° = 10.000 : 17 Jahre, 90° = 52.940 Pharaonenjahre.

Noch genauere Zahlen bekommen wir, wenn wir den Maya-Kalender hinzuziehen. Eine Periode wurde mit 5.125 Jahre definiert. Das könnte die Zeit für 10° Äquatorverschiebung stehen. Bei 90° bekommen wir das Ergebnis von 5.125 x 9 = 46.125 Jahre. Nach dem Glauben wird sich die nächste Welt anschließen, vorausgesetzt die Mayas meinten ihre aktuellsten Tropenjahre. Zur Erinnerung, unser Jahr hat gerundet 365,2 Tage. Bestimmt zählten sie 365 beobachtete Jahrestage, denn ihr tatsächlicher Äquator lag unterhalb des heutigen. Ihre astronomischen Berechnungen könnten exakte Ergebnisse geliefert haben. Das könnte bedeuten, der Bauer- und der kosmische Kalender wurde in der Vorwelt eingesetzt. Sollten uns noch präzisere Instrumente zur Vefügung stehen, würden unsere Wissenschaftler die eigenen Daten korrigieren.

Denkwürdige Nachweise

Die nächste Welt schließt sich an, die vorherige Welt hatte sich angeschlossen. Irgendwas erinnert uns an die meisten, dunkelhaarigen Südmenschen unterhalb des Äquators. Religionen verdammen die Unterwelt. Die Erfahrung machten die aus dem entfernten Süden. Im Kalender der Uramerikaner waren 20 verschiedene Schattierungen des hellen verzeichnet. Man könnte damit 20 Jahrestage in Verbindung setzen. Am 26° Breitengrad hätten wir 260 Tage, am 10° (80° Süd) 36 Tage oder verschiedene Schattierungen des hellen, denn ab (0° + 28° Schwankung =) 28° Süd fing die konstante Morgensonne ohne die dunkle Nacht an. Die sicheren Urzonen ohne Finsternis liegen zuletzt unterhalb von Copiápo (Chile), Los Loros (Inka-Tempel),

                    Warum existiert alles natürliche?

Kapstadt, Melbourne. Der Inka-Tempel markierte, nicht per Einzelzufall, die oberste Grenze. Unter dem 58. Südbreitengrad begeben wir uns auf wenig erforschtem Terrain.

Wegen der Urextremhitze am Ende der Vorwelt war es real unmöglich, längerfristig unterhalb des 60./55. Breitengrades (aktuell bei Feuerland) zu wohnen. Das kommt vom spitzförmigen südamerikanischen Kontinent. Afrika und Australien liegen geografisch höher. Es ist nicht verkehrt zu behaupten, die Vorweltinkas hätten statt 36 verschiedene Schattierungen lediglich 18 erkannt. Ihre Landmassen versammelten sich nah beieinander am Südpol. Sie wohnten am urwindigen 75. Südbreitengrad. Ihr Boden verkleinerte sich, falteten sich zu heutigen Anden. In der Dauertrockenheit schrumpften die Körper der Ur-Urvölker. Ehemalige Megazentren schrumpften auf lange Sicht zu kleindimensionierten Stammestädtchen. Die humane Denkfähigkeit dürften nicht abgenommen haben. Wir brauchten gute Luft zum Atmen, Nahrung zum Überleben in einer erträglichen Umwelt.

So gesehen fingen die Südzonen der Trockenheit zuletzt unterhalb vom 28. Breitengrad an. In Ur-Urafrika gab es nördlich genug Wasser & südlich die Dauertrockenheit. In Uraustralien hielt man sich mehr im Norden auf. Seit der Besiedelung nach James Cook war die <u>Feuerrodung</u> der Aborigines bekannt. Sie stammte vom Naturvorbild. Auf Feuerland weilte die oberflächliche Blankheit. Unnötig zu verleugnen, die lange Dunkelheit war bestens erforscht. Für sie war ein Jahr ein Dauerabschnitt. Ein Tag war ein Jahr. Die Kalenderbegriffe waren noch nicht vergeben oder schlimmer noch vergessen worden. Am längsten Tag schlief man nicht im Rhythmus. Mensch und Tier lagen sich hin, wenn Müdigkeit ihnen zur Ruhe veranlassten. Sie ruhten sich nicht 8 Stundn lang, eben eine Weile und eine Weile konnte länger sein. Unsere <u>biologische Uhr</u> war nicht mit dem Wechsel von Tag und Nacht behaftet. Wenn wir behaupten, nachtaktive Menschen schlafen sehr schlecht und das hat zur Folge, dass man früher oder später krank werden müsste, dann stimmt die Annahme einfach nicht. Nachtaktive hatten Gene, die sie zum Jagen in der Dunkelheit befähigen. Sie sind gesund wie wir. Niemand muss nach der modernen Uhr schlafen, sondern nach Gefühl, das uns ausmacht. Was wären wir ohne die Urinstinkte? Wir bestehen nicht aus Fleisch und Blut, eben aus mehr. Zu unserem Wesen gehören die unsichtbaren Merkmale eines Individuums. Stichwort die Haut, riecht einmal gut, ein anderes Mal abscheulich, je nachdem was anhaftet.

Just zu der Ära nahmen die Urkräfte global zu. Der feine Sand und fruchtbarer Humus auf der Oberfläche wurden auf Dauer vom Winde verweht. Schließlich blieben große Gesteinskolosse zerstreut übrig. Mit Maschinen wurden sie zu den robustesten Behausungen und Tempelanlangen umgestaltet. Die zweite Möglichkeit bestand im Einsatz der überbevölkerten Arbeiterschaft. Mit vereinten Anstrengungen hatten sie die weltweit einmaligen Schutzeinrichtungen auf der ganzen Welt verteilt installiert. Noch heute sind sie als rätselhafte Ruinen zu besichtigen. Ihre Lage (hoch, trocken, wohnbar) war unter sicherheitsrelevanten Gesichtspunkten ausgewählt. An der Schwelle zu unserer Welt zerfielen vielen urkolossale Gebäuden zusammen. Spätere Generationen befestigten die Wände mit kleineren Gesteinsbrocken. Zudem wurden sie fein geschliffen. In weiteren Zeitabschnitten wurden bearbeitete Felsblöcken und Ziegeln für das Bauen verwendet. Das hat mit einer Tatsache zu tun. Manche wurden im kleinen Körpern geboren. Sie lebten in recht trockenden Regionen. Die wenigen, vorzeitlich losen Nordlebewesen wuchsen über Generationen in ihrem Statur zu Riesen. Sie besiedelten vorallem die Heimatküsten. Weltweit kannten sie die Dunkelheit persönlich. Das Aufschreiben der Erfahrungen war nicht möglich. Stattdessen malten sie an Felsen, die einzige Mögllichkeit, Informationen an die Nachwelt zu geben, sollte das Wild einmal verschwunden sein. Es war in der Dunkelheit schattenhaft, das gefangen werden musste. Die einfarbigen Felsenzeichnungen waren daher zum Teil nicht detailliert, eher schemenhaft. Übrigens, wenn die Datierungen korrekt sind, dann wurden die Zeichnungen von Lascaux (vor ca. 115.000 Jahre) und den Zeichnungen in Urspanien (vor ca. 89.000, 75.000 Jahre) in einem Abstand von 40.000 Jahren erstellt.

Vorwelt-Völkerwanderung

Was geschah vor zwei Welten? Erraten. Bevor die Sonne

über dem Südpol stand, musste sie am Gegenpol gewesen sein. Für eine einfache Sicht der Dinge stellen wir uns die Sonne über Ur-Ur-Australien vor, noch weiter davor über Ur-Ur-Indonesien und vielleicht noch ein wenig davor über Ur-Ur-Malaysia. So gesehen, bewegte sich die Ur-Ur-Sonne in Richtung Süden. Weil die Welt ein Kugel ist und keine Scheibe, wanderten die Ur-Ur-Völker auf der ganzen Welt südwärts. Wie konnten sie über alle Meere hinweg bis zum Südpol gelangen? Na wie unsere Ahnen. Waren die Vormenschen primitiv?

Bild Heilige Kuh: Kühe ernährten die Menschheit. Sie leben von Gras, wir von Kräutern.

Bleiben wir noch bei den Ur-Ur-Malayen. Die Idee über eine Welt vor unserer brachte uns die Mayas. Unsere schloss sich der vorherigen an. Diese Theorie bleibt deshalb unseriös, weil niemand sich damit anfreunden wollte und nicht an diese Sicht der Dinge glaubte. Mayas, Azteken, Inkas glaubten im Großteil nicht an diese angebliche Sicht ihrer Vorfahren. Vielleicht handelte es sich doch nur um eine westliche Denkweise. Niemand konnte solche Gedanken folgen. Selbst wenn der Kalender diese Tatsache aus dem Kontext heraus verzeichnete, konzentrierte sich das Abendland lieber auf die grausamen Menschenopfer. Dadurch wurde die heilige Sicht praktisch im Keim erstickt. Der Inka glaubte an das Wahre, an bestimmte, in der Zukunft wiederkehrende Ereignisse. Mit dem Übergöttlichen waren sie am Ende ihres Lateins. Wir wissen, etwas wahres könnte dahinter verborgen sein. Der reine Begriff könnte von irgendwoher abstammen.

Haben wir uns schon gefragt, wieso schwarzhaarige Südbewohner die Finsternis, die Unterwelt verteufelten? Ist sie dunkel, weil der Sündige im Jenseits nicht viel sehen sollte? Hat der Sündige unsere Augen? Womöglich hatte man in der grauen Vorzeit die stockfinstere Dunkelheit nicht gekannt. Niemand konnte sich noch daran erinnern, jemals die Welt ohne Sonnenlicht gesehen zu haben. Diese Zeit lag wahrlich extrem lang zurück. Zur Überraschung präsentierten uns unsere eigene Gene die vergessenen Tatsachen. Wir (dunkelhaarigen) wohnten vor zwei Welten in der gefahrvollen Dunkelheit ohne Sonne. Die Kenntnis darüber versetzte uns zu der Annahme, Ur-Ursüdbewohner waren intelligent genug, die Wahrheit auf ihrer Weise ermittelt zu haben. Ob sie fortschrittlicher als wir waren, bleibt eine offene Frage. Jede Evolution verläuft spezifisch anders.

6.5.1 Launische Evolution

Zurück zu der Frage, ob wir primitiv die Wälder durchstreiften. Die erste Antwort lautet, wir waren affenähnlich und konnten uns an nichts erinnern. Niemand erzählte uns je eine Geschichte einer Zivilisation. Wahrscheinlich konnten wir Bilder malen, aber mehr nicht oder die Bilder waren viel später entstanden. Unsere Welt ist die erste, wirklich menschliche Welt. Gott hatte uns erschaffen. In Südamerika tobten die Götter, allen voran der Sonnengott. In Urafrika tauchten zuerst die Götter auf, danach die Afrikaner. In Urarabien war einzig Gott allmächtig, niemand sonst, schon gar nicht ein Normalsterblicher. In Urindien erschafften, zerstörten und bewahrten die Götter ihre kosmische Welt. Der

Schöpfergott trat schon seit langem in den Hintergrund. Der Mensch wird nicht noch einmal erschaffen. In Urchina hatten die Naturgötter die Welt unter sich aufgeteilt. Die Lebenden hatten sich unter den Tieren integriert, waren nicht herausgehoben. Buddhisten haben sich sehr unterschiedlich entwickelt. Einige denken sehr weit voraus, viele bleiben einfache Naturwesen. Vor Buddha war nichts sicher überliefert. Die Archäologie bescheinigt uns die tierischen Vorfahren. Je mehr wir nachforschten, desto weniger Information kamen zum Vorschein. Wir müssen feststellen, wir leben allein im Universum. Aus der Erkenntnis, dass wir so wenig darüber wissen, versuchten Genetiker seit einer Weile, unseren genetischen Code vollständig zu entschlüsseln. Unsere Astrophysiker scannten das All auf der Suche nach Seelenverwandten. Im Vergleich mit den Affen weichen unsere Codes nur sehr wenig voneinander. Sehr enttäuschend musste es gewesen sein zu erfahren, dass wir recht affenartig verhielten, die Affen recht vernünftige Züge haben. Wenn sogar Herr Nobel aus einfachen Verhältnissen die Gabe im Leben erhielt, die Guten der Menschheit zu erkennen und sie zu fördern, haben wir alle die Fähigkeit, unser Schicksal zu bestimmen. Wir können auf uns selbst verlassen, was das auch immer heißen mag. Vorne hinweg bemerken wir die Absicht, uns auf einen vorgegebenen Pfad bringen wollen, nämlich dass Menschen jederzeit hochintelligent und parallel dazu tierisch instinktiv handeln können. Gutes und Böses kommen in jeden von uns zum Vorschein. Je nach eigenem Vorteil setzen wir die eine Idee oder alternatives in die Tat. Das nennen wir (individuelle) Überlebensstrategie.

Im wesentlichen wissen wir recht genau, aus was wir bestehen, wie unsere Gene aufgebaut sind, jedoch nicht, und das ist viel wichtiger, wieso bestimmte Informationen in den Genen gespeichert sind. Weshalb haben wir bestimmte Erbinformationen und die Affen in Übereinstimmung auch? Fachmännisch gesprochen bekamen wir die schwarzen Haare von den Affen mit schwarzem Fell, die blonden von den mit blondem. Die Weißrassen haben ziemlich weißes Fell, z.B. der Eisbär, der Eisfuchs. Affen mit blondem Fell sehen wir leider nicht, hat es doch gegeben. Pelzjäger machen keinen Aufschrei, wie hell der Polarfuchs besticht. Cremeweiß und hellblond stimmen recht genau miteinander. Menschenaffen waren mit Sicherheit sehr flink und hatten versucht, zusammenhängenden Landflächen zu überqueren. Die Frage lautet zuerst, konnten sie große Gefahren ausweichen? Anders wie in der Gegenwart verlagerte sich die Wüsten der Vorwelt von Norden nach Süden, von Ur-Ur-Malaysia nach Ur-Ur-Australien, wobei Insel immergrün waren. Je weiter die Ur-Ur-Sonne nach Süden kam, desto heißer wurde es auf dem sandigen Boden. Es ist leicht vorzustellen, wie viele Tiere langsam den sicheren Tod fanden. Die geballten Urgewalten waren bis ins Mark spürbar. Maritime Populationen flohen in schützenden Tiefen oder Breiten. Von den wenigsten Küstenaffen stammten wir ab?

Erforschen wir nunmehr grob die Schneelandschaft der Antarktis. Außer den Tieren ist die Umgebung für uns feindlich. Nicht einmal Eskimos leben auf den Eis. Zahlreiche Insel beginnen von der Südspitze Amerikas aus und Berge setzen die Kette quer durch das Kontinent bis nach Neuseeland (Inseln) fort. Anliegende vorweltliche Landmassen machten das Land

                    Warum existiert alles natürliche?

bewohnbar. Vielleicht war eine Überseewanderung gar nicht nötig gewesen. Menschenaffen hatten in der Natur bessere Chancen zu überleben als echte Urbürger. Sie fanden bessere Chancen auf Afrika, Indien, Australien, Südamerika. Urkräfte verpflichtet. Im etwa wird Grönland der Zukunft besiedelt werden. Einige ausgegrabene, konservierte Bestattungsleichen unter der Wüste Südamerikas geben uns eine Vorstellung über ihr Aussehen. Erstens waren die Personen kleiner als wir, zweitens gar nicht behaart und drittens haben sie schwarze bis dunkelsandige Haarfarben. Es ist zu fragen, wie lange die Kopfpracht erhalten bleiben kann. Die Haarsubstanz hat doch Anteil von braun (brünett).

Braun ist nicht gleich braun. In Verbindung mit Pupillen ist die Farbe nicht intensiv schwarz, mehr dunkelbraun, ins schwarze übergehend. Die Kopfbedeckung ist genetisch vorgegeben. Im Alter werden sie weiss. Die Gene können uns prinzipiell bunte Haare geben. Das allerdings würde in der Umgebung meistens auffallen. Weiss signalisiert unsere Sichtbarkeit in der Natur. Versteckten wir uns in der Schneelandschaft? Zwecklos, sich zu tarnen? Rein theoretisch sahen wir sehr selten weisse Haare. Kaum jemand lebte so lange, Freizeit kannte kaum einer. Greise galten als die Weisen unter uns. Meisterhaft, wie sie ihr langes Leben soweit geführt haben. Alte Kulturen schenkten den Älteren die erforderliche Aufmerksamkeit.

6.5.2 Biologische Hochleistung

Die zweite, realistische Version setzt den Verstand voraus. Leute von heute und in der Urhistorie zeichneten sich durch das Angstmerkmal gegenüber dem Übermächtigen aus. Obwohl wir sehr überlegen in der modernen Gesellschaft den Alltag verbringen, fürchten wir immer noch vor dem Schicksal, z.B. was die Zukunft uns bringen wird, vor dem Tod uvm. Die Urhumanen hatten große Angst vor der Zukunft, die sie keineswegs kennen konnten. Die Gesellschaft gab ihnen Sicherheit, Nahrung durch Landwirtschaft, Hilfe durch den barmherzigen nächsten. Darin lag ihre Zukunft. Einzelgänger hatten es schwerer, doch ihr Glaube führte sie zu den sicheren Quellen. Ihr Können zeichneten sie aus. Natürlich starben viele, Tierarten verschwanden von der Oberfläche.

Die Blüte Amerikas verliefen auf der südlichen Spur. Hochkultur ist keine richtige Bezeichnung für ein globales Einheitsvolk, das die gleichen Merkmale der hochintelligenten Wesen in sich vereinigte. Äußerlich unterschieden sie sich nicht im Aussehen. Blonde und schwarze Erbanlagen in ihnen waren in ihrem Verhältnis vertreten. Sie sprachen sicherlich die gleiche Sprache, hatten die gleiche Schrift. Die Kommunikation war ausgefeilt, die Technik gab ihnen recht, ihre Überlegenheit hatten göttliche Charakterzüge. Sie handelten wohlüberlegt und nach Dringlichkeit geordnet, weil sie die Zukunft voraussahen. Nichts konnte ihnen aus der Fassung bringen, das Ziel war allen klar und deutlich. Alle hatten das gleiche Ziel, das Wissen in die anschließende Welt zu transferieren.

Dazu hatten sie allerlei vorausschauende Bauten extra dafür erfunden. Sie waren sehr sicher, dass das gut ausgerüstete, weise Volk eine gute Zukunft haben werden müssten. Es ist sehr gut möglich, dass sie Flugobjekte von großer Dimension für ihre schnelle

Fortbewegung benutzten. Eigentlich konnten sie sich überall niederlassen. Die Wüsten waren keine Hindernisse für ihre Pläne. Ob groß oder klein, alle lernten übten ihre Fähigkeiten mit ihren Maschinen. Vieles bereicherte das Leben jener Welt. Die alte Menschheit lebte im globalen Paradies. Es sollte für immer erhalten bleiben, egal was kommen mochte.

Bild Krishna (bläulich): .. auf dem Garuda bedeutet, wenn Adler am Himmel fliegen können, blühen unsere Fauna & Flora (Vermehrung) bei moderater Sonne.

Umwelteinflüsse

Diese Sicht entspricht unsere Zukunft. Sie ist zugleich die Vergangenheit in der vorherigen Welt. Bis zu ihrem Ende verlangsamte sich die biologische Evolution, weil

　　　　　Warum existiert alles natürliche?

Platzmangel die globale Überbevölkerung begrenzte. Wir konnten längerfristig nicht auf dem tiefsten Permafrost, in der bitterkalten Finsternis, in der Todeshitze, unter Dauerorkanen den Lebensraum zweckdienlich gestalten. In Folge dessen splittete sich unsere inhomogene Einheitsrasse in unserem Äon (den griechischen Äonen) in typische Indigenen, Afrikaner, Europäer sowie Asiaten auf.

Die Naturgegebenheiten wirkten sich in besonderem Maße auf die umfassende Religion aus. Sie verankerte sich so elementar wie sich niemand vorstellen kann. Ob sie ihre Zukunft verbessern konnte, sehen wir heute. Wir sind das Produkt der unseren, großzügigen, glücklichen Vorwelt. Es gilt als sicher, dass in ihr sehr viel mehr Wissen angesammelt wurde. Paradoxerweise kann es auf eine triviale Weise vereinfacht werden. Einstein hat eine einzeilige, mathematische Formel aufgestellt. Damit können wir relativ sehr viel ausdrücken. Das selbe sind die Lehren des Glaubens, denn die Weisen alias Götter hatten sie geschrieben. Sie mussten nicht beweisen. Die arbeitsintensiven Aufgaben überließen sie den rechtschaffenen

(=friedvollen) Statthalter, Poeten, Stilschreiber, Astronomen, Philosophen, Lehrer, Mathematiker, Sängerinnen, Tänzerinnen, musikalisch Begabten, Heilenden, Bauer, Hüter der Schrift (Priester, Mönch, Nonne), Werkzeugmacher u.ä.

Eine grenzenlose, mystische Wirklichkeit war viel innovativer als unser aktuelle Staatengebilde mit selbst auferlegten, abendteuerlichen Regeln, die dazu dienten, ein Territorium zu verteidigen. Unsere einfache Landsleute stehen an zweiter Stelle (in der Hierarchie). Die hoheitliche Aufgaben verbrauchen faktisch erhebliche Ressourcen. Gotteshäuser müssen dem Autobahnbau weichen. Im Mittelalter durften umherziehende Soldaten die eigenen Bauer ausrauben. Robin Hood ist ein gutes Beispiel für die Gerechtigkeit auf der Seite der Unterdrückten. Demokraten wählen zu gern ein System, das sie ehrlicherweise degradiert. Es gab friedliche Reiche, die viel Vertrauen genossen. Diese Argumentation zielt vorallem auf die eigene Nation. Jede hat eine höchst eigene Weltanschauung. Ein kleines Beispiel, ein Land ist wie ein Individuum. Es will unbedingt Kosten sparen und vorzugsweise einflussreich bleiben. Hier fehlt der Bezug auf die

                    Warum existiert alles natürliche?

Zukunft. Wird das Herrschaftsgebiet in 25.000 Jahren noch bestehen?

Papierloses Gedankenwissen

Die Gesetze der Physik, Elektronik, des Weltalls, die Kalenderdaten, Mathematik, Geheimnisse des Lebens, praktisch alles standen in Megbibliotheken oder in den vervielfachten Maschinenspeicher. Kennen wir Strom? Ja doch. Elektrizität läßt sich neu erfinden. Damit werden Motoren, Schiffe, Raumfahrzeuge, intelligente Roboter u.v.m. angetrieben. Mit unserem Gehirn haben wir vieles erfunden. Seine Fähigkeit variierte wellenartig nach unten und oben. Es entfaltet sich in einer optimalen Umgebung (Zivilisation, harmlose Luft, ideale Temperaturen, ungestörte Aufmerksamkeit) zur vollen Blüte. Von Kindheit an haben wir eine unschätzbare Umwelt. Patente und Erfindungen häufen sich nicht aus dem Nichts. Bei voller Genkeimung und kontinuierlich körperlicher Aktivitäten implizit geistiger Arbeit (heilige Sportdisziplin, ethische Verantwortung) kann ein x-Beliebiger, ein Moderner, ein Zukünftiger alle Gesetze wieder neu erfinden. Zusammen mit vielen Gelehrten,

Religionen stellen sie die zukünftige Elite auf, ohne dass sie das tonnenschwere Wissen auf Papier mitschleppen mussten. Neues zu erfinden basiert auf das Potential des Verstands zur richtigen (gemäßigten) Zeit.

Kostbar is die Kreativität. Die aufrichtige ist nicht eine Fantasie, eine Gabe, entsteht nicht aus dem Gebet oder aus langen, religiösen Praktiken, entspringt nicht aus einem Funken des Verstands oder gar aus den vielen Gesetzen heraus. Wenn Gott uns etwas bestimmtes anvertraut, etwas überragendes zu schaffen, dann würde uns selten die Vielfalt einfallen. Wie kann ein einfacher Künstler etwas fünfdimensionales mit den Gesetzen der drei Dimensionen aus dem Stand heraus entwerfen? Ohne Werkzeuge, ohne die richtigen Schaltprozesse im Gehirn ist niemand fähig, nicht einmal in 25.000 Jahren, etwas zu bauen, was Gott gefallen würde. Er müsste eine Ewigkeit warten und nichts wird passieren. Was er dann macht, bleibt ihm überlassen. In sofern kann er nur etwas fordern, was realistisch zu schaffen ist. Aus der Masse heraus wird ein Individuum die richtigen Einfälle haben, dann folgt die Realisierung. Der Allmächtige geht mit der Zeit. Das

              Warum existiert alles natürliche?

Übergöttliche wird ihn ereilen. Es manifestiert sich in der Form der irdischen Wunscherfüllung. Gott kennt seine Kinder (auf dem Planet) allzu gut. Unsere Verknüpfung mit dem Himmel muss nicht zu 100 Prozent gegeben sein. Vor dem Katholizismus symbolisierte ein bestimmter Stern eine vorgeschriebene Gottheit. Eine natürliche ist zum Beispiel im Sternkreis Orion zu finden. Daraus kam die Logik, dass Gott im Himmel über den Menschen residieren musste. Das Übergöttliche kann das sein, was Gott ganz und gar nicht betrifft.

Unser Denkorgan vereint zwei Komponenten in sich. Die erste ist das Vergleichen, das logische Kombinieren, das richtige Überlegen mit einem nennenswerten Ergebnis, beherrscht beim Üben das Abstrakte. Das ist zusammengefaßt in dem Begriff der Intelligenz, wichtig für das Zusammenleben in der Gesellschaft. Die zweite Komponente ist der Instinkt. Er ist reflexartig und kann immer eingesetzt werden, weil angeboren. Alles, was nicht wohlüberlegt ist oder wohldosiert im Guten ausgeübt wird, liegt im instinktiven Handeln. Das kann man daran erkennen, dass die Zukunft faktisch ausgeblendet wird. Was soll mir denn schon passieren? Ich versuche mal so und nicht anders. Ich überlebe allemal. Im Unterbewußtsein liegt die Gefahr des Verderbens, doch wir wissen und merken nicht viel, weil wir die versteckte Gefahrenerkennung weder per Geburt bekamen noch als wichtig genug erachteten. Die Zukunft ist in dem Moment meist weit weit weg entfernt. Eltern sorgen für die eigene Kinder, aber im Normalfall kaum für die Enkel der 10. Generation. Genau hier liegt das Dilemma. Wir glauben, unser Clan wird sich weiter entwickeln. Die Realität ist, er kann sich ohne weiteres in der 50. Generation zurückentwickelt haben oder gar ganz verschwinden. Der Instinkt ist für das Überleben in der Natur wichtig. Wir sprachen mit den Tieren, die uns nicht verstanden. Sie gehörten zu unserer Wildnisfamilie. Man kann sagen, wir erblickten wild das Licht der Welt. Ohne Hilfswerkzeuge würden wir zwar schwer haben. Unser Kopf läßt uns nicht im Stich. Er wird früher oder später von Nutzen sein, spätestens wenn wir uns im Not befinden. Manchmal kann diese typische Vorgehensweise tödlich enden, siehe Löwe in der weiten Savanne. In der Wüste müssen wir die Gefahr selbst erkennen. In der Gemeinschaft

                    Warum existiert alles natürliche?

raten uns Mitfühlende Wesen oder wir lernen von Wilden. Fehlinterpretationen seien

erlaubt. Die Masse ist nicht unbedingt intelligent. Mit einer übertrefflichen Intelligenz würden wir die Gesellschaft hinter uns lassen.

B. Halbsonne: im Tempelanlagenfundament (Sri Lanka) erklärt die Sonne am Horizont, nicht über den Köpfen.

Technik

Wohl kaum jemand der neuen Generationen haben zur Zeit einen direkten Bezug zur schweren, häuslichen Frauenarbeit. Vorbei sind die geschundenen Hände. Sinnvolle Hilfsgeräte, sagen wir Kühlschrank, Tiefkühltruhe, Waschmaschine leisteten einen wichtigen Beitrag für die Emanzipation. Ausgereifte elektronische Erfindungen könnten uns in vielen Bereichen behilflich zur Seite stehen, vorausgesetzt, sie werden für diesen Zweck gebaut. Kutschen haben längst ausgedient. Was mit Zügen passieren wird, ist nicht sicher. Vielleicht werden sie eines Tages von Magnetschwebebahnen ersetzt. Die Nutzung zeigt uns die Kurzlebigkeit von Erfindungen. In der nächsten Generation vertraut man sich neue Techniken. Viel weiter im Innovationsgeist sind wir nicht. Eine vereinheitlichte Regelung für den Maschinenbau (Qualität) könnten wir uns sehr gut vorstellen. Sie ist noch nicht standard, würde in Abständen wieder eingeführt werden müssen. Synergieeffekte kennzeichnen den Optimierungsgrad.

Garantiert länger halten intelligente Prototypen, die die Tradition fortsetzen, lebenslange Partner für den Erfinder zu konstruieren. Sie werden eingesetzt, solange ihr Schöpfer respektiert werden. Fremde Landsleute beachten sie zwar, allerdings lieben wir mehr bekannte Persönlichkeiten. Von Freunden können wir sehr viel lernen. Wichtigste Kriterien für die Ablehnung der Maschinen sind, sie haben keine Angst vor dem Tod. Weil sie kein Anzeichen der Vorsicht haben, fürchten wir uns noch mehr, ihnen zu vertrauen. Blicken wir zurück in der Vergangenheit, hatten Lebewesen Angst vor dem Verhungern, den Fallen, der unbekannten Dunkelheit, den todbringenden Dämonen, düsteren Aussichten, sei es im Anschauen (Monster im Meer),

          Warum existiert alles natürliche?

Atmen (Gasgeruch), Spüren (Monstergesicht), Hören (Bärlaute), Schmecken (Faulobst) oder Albtraum. Davor halfen Werkzeuge und Hilfskonstruktionen. Sie brachten den gesuchten Nutzen und schürten keine Ängste.

Schutz

Mitten im natürlichen Schwarm zu leben bietet sehr zahlreiche Vorteile. Tiere verlassen sich auf ihre Artverwandten. Der Anhänger sucht Schutz in seiner Religion mit dem Einsatz für das Allgemeinwohl. Wo der Glaube sich als unwürdig erwies, wird er Schaden bringen, egal wie groß die Religionsgemeinschaft zu sein vorgibt. Er kann den Bedürftigen retten, die verlorenen den Weg des Lebens zurückgeben, ihnen ihren Platz in der Gemeinschaft geben, Opfer nach dem Krieg aufbauen. Konfessionen aller Parteien haben ähnliche Vorgehenskonzepte. Wir gewöhnten uns an den Glauben unserer Eltern, Großfamilienmitglieder. Er war sehr groß. Unser ist bekannt unter dem Namen Weltreligion.

Man darf sich nicht täuschen lassen. Ein Gott oder viele Götter haben den Zweck, den schützenswerten Individuum zu leiten. Die eigene Konfession über das Maß aller Dinge zu stellen und fremde zu beseitigen, zeugt von weniger Spiritualität. Eine Bekehrung unter Zwang ist ein Diktat. Es galt als legitim, andersgläubige als verleumderisch zu bezeichnen und ihnen allerlei schlechtes zuzuweisen. Was nicht heilig erscheint, spricht, handelt, den Leitweg zur Vollkommenheit prädigt, die spirituellen Weggefährten beschützt, kann keine langgeglaubte Heiligenschar ersetzen. Wer kann sich rühmen, noch sakraler als den Allmächtigen bzw. die Götter zu sein? Natürlich kann Gott alles heilige in sich verkörpern. Die Anhänger verfolgen den reinen Glauben in Gedanken. Der Hindu hat die heilige Aufgabe, die Götterwelt in ihrem wahren Kern zu belassen. Er praktiziert die echten, unverfälschten Lehren. Glauben hat mit dem <u>heilvollen Verstehen</u> zu tun (Buddhismus, Naturreligionen). Nicht der Christ sagt uns, was angesagt ist, wir als Konfessionsmitglied bestimmen unser verantwortungsvolle Handeln selbst. Weshalb die Religionen in der Vergangenheit Krieg gegeneinander führten, hängt allein vom Unverständis

                    Warum existiert alles natürliche?

des Gegenübers ab, davon daß sie alle den Frieden so sehr herbeisehnten. Im Konfuzianismus kehrt die wichtige Bedeutung im Begriff der Harmonie zurück.

Im alten Glauben wurden Kompromisse akzeptiert, wenn der harmonische Einklang garantiert wird. Heilige Zeremonien werden strikt nach Protokol eingehalten. Die Botschaften sind eindeutig. Unsere Vorfahren waren außerordentlich erfolgreich in ihrem Bestreben nach Glück. Haben wir einmal die Ehre, an buddhistische Feierlichkeiten teilzunehmen, können wir eine Vorstellung dessen bekommen, was die Ahnen für die Nachwelt zu bewahren beabsichtigten. Sie legten die chinesischen Grundlagen in der Gesellschaft fest. Danach stand der Älteste (=erfahren in Glaubensfragen), Klügste, Stärkste in der obersten Hierarchie. Frauen wurden mit dem biologisch ausgeprägten Aufgaben betraut. Herrscher haben den Sinn erkannt und positive Entwicklungen gut geheißen. In der Regel hatte der älteste Sohn die Ehre, in den Stand eines Priester zutreten. Wir können live miterleben, wie Zeremonienmeister eine Messe der sehr frühen Zeit geleitet hatten. Sie waren die Priesterschaft in einer Welt, die von Götter beseelt wurde. Ein Musikorchester versinnbildlicht die Urgewalten. Trommelwirbel ist Ausdruck des vielen Donners in Orkanwellen. Zusammen mit dem Einsatz der Glocke hört sich der Klang wie das Aufprallen des fliegenden Gesteins oder des Urwindes gegen das nackte Felsmassiv, worin die Gesellschaft Schutz fand. Im Aufsagen der heiligen Worte war vom Meer des Leidens die Rede. Die Verzweiflung war immens, so dass die Dunkelheit und die Hölle gleichsam wie Wohnsitz der Gemeinschaft respektiert wird. Heilige Tugenden haben ihren Stellenwert. Heiliges Wasser, Feuer und Bronzegefäßchen stammten von den Ahnen der Ahnen (ca. erste Hälfte der Vorwelt). Alkoholnippen verdeutlichte die Notwendigkeit, als kein Kühlschrank zur Verfügung stand und gegärtes konservieren konnte. Spiritus oder Weine sollten den Durst mit Beigeschmack stillen und fanden dosiert außerdem als Medizin Anwendung. Der Buddhismus verabscheut in erster Linie den dunklen, gefahrvollen Aspekt sowie die Betäubung des Verstandes bei einem Rausch.

Bild Weihrauch: Heilduftbaum – Gras ist kurzlebig

Urfrühe Gesellschaften wurden durch die tadellosen Werte getragen. Überlieferte bzw. mysthische Herrscher prägten Hand in Hand mit der Spiritualität das Aussehen der Orte. Das, was heute zu Ruinen verfallen sind, waren glorreiche Zentren, gebaut aus der Überzeugung. Eine einheitliche Globalgesellschaft war fremd und nicht zwingend notwendig gewesen, was nicht heißt, sie hätte nicht existiert. Allgemein stellen Distanzen zwischen den Stämmen die Regel. Das führte zu der weltweiten Besiedelung zurück. Umwelteinflüsse ließen die Orte schrumpfen. Zwischen ihnen lagen unüberwindbare Barieren. Nun vermehrten wir uns, rückten näher zusammen und doch wissen wir nicht von unserem Glück, welche unsere Vorfahren sehr lange danach gesehnt hatten. Die Sehnsucht äußert sich in den Glauben. Wie in einem Globalschwarm waren wir zusammengeklebt. So etwas hatte die neue Menschheit noch nicht bewußt erlebt. Wie besessen versuchen Strengkonservative, die Völker auseinander zu treiben.

Sie haben den guten Glauben verloren. Was hatten wir, was wir nun nicht vermissen? Zusammen hatten wir viel mächtigeres geleistet als wir jemals daran erinnern können. Es könnten großdimensionale Flugobjekte sein, großartige Schutzwälle, weitaus intelligentere, künstliche Partner. Die Gesetze der Physik, Mathematik, Astronomie, die Landwirtschaft u.a. kamen aus der Vorwelt. Sie lassen sich zum Gesamtwissen zusammenfassen, welche Werkzeuge, Zivilisationen zur Blüte verhelfen. Damit sollen wir das Werk unserer Vorreiter, unserer sterblichen Vorbilder fortsetzen. Wie wir für unsere Kinder sorgen, dachte die Vormenschheit schon an uns, nämlich dass wir ebenfalls zur vollen Blüte kommen werden, zum Garanten des Lebens.

Bild Rundbau: Der Sonne gewidmet

Was mit der Landwirtschaft geschehen wird, ist jetzt klar. Die Methoden der Felderbestellung wird sich fortsetzen, solange der Boden die Nahrung liefert. Die

                    Warum existiert alles natürliche?

Nahrung ist auf Gedeih und Verderb mit uns verbunden. Vegetarier verlassen sich auf ihre Arbeit von der Aussaat bis zur Ernte. Fleischgenießer müssen sich fragen, ob das Wild sich selber erholen kann oder der Jäger sich um ihre Aussetzung kümmern muss. Sie möchten in ihrem Element sein, das ihnen zusteht. Unsere Sterblichkeit sollte uns zu bedenken geben, ob wir auf ewig über ihnen stehen können. Diese zweischneidige Realität spiegelt unsere biologische Natur wider. Parallelen zu der Ur-Ära lassen sich finden. Die Vorinkas beherrschten die Landwirtschaft. Mais war ihr Hauptnahrungsmittel. Sie führten ihr Leben in der Gemeinschaft des Maises. Die indigenen, losen Völker waren Einzelgänger. Die Vorägypter Südsudans betrieben Landwirtschaft für die Göttergemeinschaft. Die Urafrikaner waren Einzelgänger. Die Vorhindus beherrschten die Seefahrt, die Felderbestellung für ihre heilige Gemeinschaft, während die restlichen indigenen Völker Ur-Australiens Einzelgänger waren. So gesehen existierte unsere Gegenwart im Urkosmos.

Bild Kaffeepflanze: Aromatisch

Warum leben wir?

Gemeinsamkeiten

Die Gemeinsamkeiten sind verblüffend, wenn wir die Häuser vergleichen. Residenzen sind überwiegend rund oder viereckig. In Südamerika haben sie viereckige Formen (fürstlicher Wohnsitz, Pyramide). Tempel besitzen viereckige Elemente und runde Säulen. Indianerzelte sind rund. Altägypter bauten Pyramiden (viereckige Säulen). Tempel weisen runde Charakteristika und viereckige Grundflächen auf. Atlarabische, viereckige Befestigungen waren vorgegeben. Tempel haben sowohl runde Elemente (Säulen, Babylon) als auch eckige Grundflächen. Bei den Altgriechen war es ähnlich. Im alten Indien waren die Tempel viereckig und leicht pyramidenförmig. Runde Elemente sind nicht zu übersehen (Räder). Tempelanlagen der Khmer haben einen viereckigen Grundform. Bauten sind viereckig, Säulen sind rund. Die Gebetshalle in Beijing ist im ganzen rund. Säulen sind rund. Möglicherweise prägten Vorchinesen das Nordbild eines Einzelgängers, das Südbild eines Reisbauers. Jurten sind gänzlich rund. Jurtennomaden

                    Warum existiert alles natürliche?

waren Einzelgänger.

6.5.3 Evolutionsfächer

Die dritte, realistische Version weist ein wesentliches Merkmal auf. Ein Kernpunkt unserer Religionen ist der heilige Schutz über dem Irdischen. Zu Andersgläubigen sollen wir Gnade walten lassen, Almosen geben, den Frieden stiften. Im sinnlosen Krieg ist die Kernaussage nicht eingebettet. Angenommen wir lassen Harmonie und damit das Zusammenleben der Völker ermöglichen, dann können alle Religionen ihre heiligen Praktiken zum Wohle der Menschheit fortsetzen. Jede erledigt ihre Arbeit und wir kommen viel schneller zu einer heterogenen Humanenwelt, die die Brücken herstellen könnten. Das Ergebnis des Bemühens lieferte uns viele nützliche Erfindungen, solche die uns sogar fremd vorkommen, die ihr Einsatz rechtfertigen. Viele Theorien schaffen viele Maschinen, viele Fakten liefern gute Resultate. Jeder ist nützlich. Wir erreichen das Stadium des hypermodernen in einer Tempo, wie unsere Vorväter nur träumen könnten.

In der Wüste ohne Süßwasser zu leben ist wahrlich

schwer. Maschinen können uns das Wasser produzieren. Über eine Dauer von 14.000 Jahren auf dem Sand zu verweilen, ist schwieriger. Hinzu kommen die unerträgliche Hitze, die schwere Luft zum atmen, den flammenden Sonnenbrand, ... Wir kommen nicht umhin, mehr Geräte zu erfinden. Sollte das möglich sein, stehen uns viele Türen offen. In der Ur-Ur-Welt wanderten die Wüsten global über die gleiche Dauer nach Süden. Je mehr Dünen sich verlagerten, desto heisser wurde der Sand oder eben das betroffene Gebiet. Ergo, die weiter südlichen Trockenregionen waren unerträglich für den Ur-Ur-Südbewohner. Das ist die Folge eines sehr langen Dauertages und einer sehr kurzen Dauernacht. Es ist nicht abwegig, dass stetig angepaßte Maschinen Menschengenerationen durch die langen Zeiten helfen könnten. Die Ausgangsbasis änderte sich dynamisch. Mit wenigen Rohstoffen können einfache Indianer nur Werkzeuge herstellen, mit edlen können wir vorbildliche Prototypen produzieren.

Wir sind im klaren, wie viele Geschöpfe wir momentan zählen. Eine Naturkatastrophe könnte leicht eine dichte Masse von 200.000 Todesopfer verschlingen. Als die Ur-

Ur-Wüste die Schwelle des 28. Südbreitengrades überschritt, hörte ihre Nacht auf zu existieren. Fortan versanken zum Beispiel Landmassen weiter südlich, ausser einem schwalen Küstenrand, zu Dünen und Wüsten. Das betraf fast die gesamte Kontinentbreite. Um dort zu wohnen, brauchte man äusserst gute Infrastruktur sowie überlegene Häuser. Die Wände sollten die Wärmeenergie absorbieren oder ableiten. Wenige landwirtschaftliche Flächen standen zur Verfügung. Das Saatgut war gut ausgewählt. Wahrscheinlich kamen höhere Ebenen in Frage. Noch heute sind begradigte Berge zu sehen. Wir fragen uns nicht nach der ungewöhnlichen Beschaffenheit. Damit haben wir keine Erfahrung. Legendäre Hochlagenstädte alter Kulturen besitzen meist eine ebene Fläche bzw. besaßen Terrassenfelder. Darauf konnten die Einwohner wohnen und Ackerbau betreiben. Der Parthenon sitzt auf einer überaus großen Flachebene oberhalb eines bearbeiteten Gebirgsmassivs. Inmitten der Tempelanlage wächst der Olivenbaum der Göttin Pallas Athene (Baum der Erkenntnis). Heiliger Baum und (heilige) Terrassenfelder gehören somit zusammen. Hierzu müssen wir bedenken, die Permafrost am

Nordpol dehnte sich über die gleiche Dauer aus, mit ihr die tiefere Dunkelheit. Im Einpolargebiet herrschte die dauerhafte Nacht.

Liebe

Nach der Eigendynamik musste sich das getrennte Urvolk auf sich selbst verlassen. Olympische Götter erzählen uns von kleine Familien. Vater Zeus hatte Cousinen und sterbliche Partnerinnen als Ehefrauen. Es wurde einfach nicht unterschieden, ob verheiratet oder nicht. Für uns Bürger sind fremdartige Schönheiten äußerst attraktiv. Haben wir uns schon gefragt, warum der starke, dunkle Mann anziehend auf hellhäutige Frauen wirkt? Manchmal sind gleichrassige Partnerschaften nicht geeignet für die Geburt gesunder Kinder. Unsere Erbanlagen führen uns emotional zusammen. Die Liebe ist eine unserer Gene, die sich mögen. Unterdrücken ist unnatürlich und hat sich nicht immer bewährt. Tatsache ist, wir hatten uns biologisch unterschiedlich entwickeln müssen. Unsere Erbanlagen sehnten sich nach dem fremden Teil von uns. Cousins oder Cousinen, die Ausstrahlung macht uns zu Partner oder Partnerinnen.

Stellen Sie sich vor, Sie befinden sich in einer Vor-Ära. Die wenigen um Sie herum sind nichts anderes als ihre Sippe. Was bleibt Ihnen übrig, als sich mit den Ladies einzulassen. Männer sind Raritäten. Ist es abwegig, sich mit mehreren Frauen eine enge Beziehung einzugehen? Es besteht kein Scham, viele Partnerinnen zu haben. Ihre Väter hatten genauso verfahren. Ihre Kinder werden sich Ihrer Meinung anschließen. Weibliche Familienmitglieder finden nichts dabei, in einem Harem zu leben, obwohl das Wort aus einem negativen Kontext zu finden ist. Es steht nicht geschrieben, ob Kinder aus einer Polygamie schwach waren. Das ist nicht verwunderlich. Die Einheitsrasse birgt viele starke Erbmerkmale, die viele Vorfahrenrassen kombinierte. Fazit: Starke Nachkommen kommen nicht mit angeborenen Krankheiten auf die Welt. Im Gegenteil, sie sind in jeder Hinsicht überlegen.

Hinweise der Frührassen

Ein heikles Thema über etwas, was wir nicht absolut

wissen können. Zur Zeit kennen wir unsere Rassen sehr gut, nämlich auf den Großkontinenten. Götter hüteten das Geheimnis der 9 Urzonen, in denen die Humanarten sich unterschiedlich erholen konnte. Diese Populationen schlossen sich zusammen und schufen die gemeinsame Vorstellung. Die Urlandmassen lagen eng beieinander. Das erneut hängt mit der anfänglichen tektonischen Bewegung zusammen. Während der Südeiszeit war die Eisfläche eins. Buddhistische Texte predigen die 10 Richtungen (des Lebens) oder bewohnten Großregionen. Am prägnantesten sind unsere viereckigen Häuser. Mächtige Tore mit 4 hohen Säulen drücken die Wohnsitze in den 4 Himmelsrichtungen der Menschheit aus. Behausungen entstammten der kleinen Kapelle.

Dem Wetter haben wir zu verdanken, dass irdische Spezien sich zu Schwärmen vermehren konnten. Flora und maritime, lebenspendende Symbiosen begünstigen unsere Langlebigkeit. Bei Störung des globalen Ökosystems müssen wir gemeinsam erbittert die Konsequenzen tragen. Das Individuum sorgt in erster Linie für sich selbst, dann kommen die nächsten in der

                    Warum existiert alles natürliche?

Umgebung zum Zuge. Meistens bleiben wir an einer Stelle und kennen das Fremde nur aus der

Sicht von Freunden. Wir gestalten unsere eingegrenzte Welt für uns allein. In Wirklichkeit atmen wir die selbe Luft. Turbulenzen in der Atmosphäre, Zyklonen, schädliche Aufwirbelungen, giftige Luft, Hitze- oder Frostwellen können große Katastrophen über uns bringen. Die Verantwortung liegt nicht bei vereinzelte Gruppen. Die Art, wie friedlich wir leben und fürsorglich für die Bewahrung des Lebens einsetzen - keine Kontamination von Luft, Wasser, Boden -, hat Auswirkungen auf die globale Umwelt. Damit beeinflußen wir unsere Nahrung. Ohne sie können wir nicht bestehen. Anders ausgedrückt, die <u>Reinheit unserer Umwelt</u> bestimmt die Anzahl und Qualität unseres Daseins.

Bild Tempeleingang: Kulturen (Tempel) der 4 Himmelsrichtungen gewidmet

Über dem Ur-Ur-Nordpol ohne Nacht verweilte die

große Eiszeit. In Zukunft wird der Südpol an der Reihe kommen. Wie merken wir das? Zuerst wird die Permafrost zunehmen. Auf dem Ozean geschieht der Eisprozess erfahrungsgemäß sehr langsam. Hauptsächlich kann sich der Schnee auf den südlichsten Inseln verbleiben. Für viel Eis benötigen wir sehr viel Zeit. Die globale Wärmeverteilung in der Luft und in den Meeren verhindern die Bildung von Eis. Mit der Kälteintensität und der langen Dunkelheit bis hin zum völligen Finsternis (Polarnacht über 6 Monate, über Jahre) wird die Frostkälte beginnen, von der Antarktis aus zu strahlen. Die Flora wird wie einst am Nordpol zum Stilstand kommen. Alternativ können wir uns vorstellen, einen lebensfreundlichen Ort mit Hilfe von Maschinen zu schaffen. Isolierende Häuser könnten eine künstliche Landwirtschaft aufrechterhalten. Wie lange diese Besiedelungen gelingen kann, zeigt ein Blick auf die vorgeschichtlich menschenleere Arktis.

Lässt sich der Getreideanbau unter künstlichem Licht realisieren? Theoretisch kann diese Möglichkeit für die Ernährung in Betracht gezogen werden. Eine schützende, robusteste Hülle für die Anlagen wäre von

 Warum existiert alles natürliche?

Vorteil. Ist die Hürde überwunden, müssen sie für nahezu eine Welt lang funktionieren. Am Ende der großen Eiszeit würde die Sonne wiederkehren. Rein spekulativ könnten die Ursüdamerikaner einen wilden Resthaufen jener vorweltlichen Besiedelungen gebildet haben. Viel wahrscheinlicher wanderten sie in Wellen bis zu den Polartropen (Urvölkerwanderung). Uraustralier, Urafrikaner verloren im Laufe der Zeit ihre Schrift. Die religiös vielsagenden Schriftzeichen waren verhalten geblieben. Sie gelangten etwas modifiziert bis zu der frühchinesischen Zivilisation. Über Urgroßindien (eng zusammen mit Urmalaysia, Urindonesien) veränderte sich die Schrift. Weitere Gemeinsamkeiten sind die Datensammlungen in den Naturreligionen. Ihre Zusammenfassung von allerlei Schrifthüter lassen sich aus den Gebetsbüchern (Verse, Epen) ablesen. Daran sind Bilder enthalten, die viel Aussagekraft beinhalten. Früh datierte Felsenbilder unterstreichen den Verlust der heiligen Schrift am Anfang unserer Welt.

Was dem Ur-Südwind anbelangte, dauerte seine grösste Naturkraft, ausgehend von Feuerland im 55. Breitengrad, ca. (3,5 x 5.125 =) 17.938 Maya-Jahre. In zweifacher Länge sind es ca. 35.875 Jahre. Die überschattende Dauereinwirkung müsste sämtliche Kontinentalplatten verschoben haben. Wäre Ur-Feuerland südlicher angesiedelt, hätte der Ur-Südwind vermutlich die Hälfte der Zeit gelastet haben. Das könnte ca. 17.940 Maya-Jahre betragen haben. Die Subsistenz-Bedrohung konnte nicht hindurch täuschen, dass die vernunft-begabten wegen dem fehlenden Rhythmus von Tag und Nacht anfänglich 4, 8, ... Jahreszeiten zählten. Feinere Einteilungen waren korrekt. Die vorweltlichen Verweilorten nahe dem Äquator hatte sich als erfolgsversprechend erwiesen. Auf diesem Erdgürtel mussten die Vorausschauenden eine Welt lang währen. Am Ende würde alles überstanden sein.

Solange das Leid gedauert hat, es ist unser irdisches Leben. Es kommt und geht, wie es uns beliebt. Die Völker hatten diese Erfahrung gemacht und nannten sie "Schicksal". Wir können unser nicht entkommen, d.h. wir können nicht aus unserem Leben ausscheren. Wir sind unser Leben. Rene Descartes hatte bereits erkannt, ein Kind kommt reinen Herzens auf die Welt. Seine

Umgebung formte ihn. Seine Unschuldigkeit kann auf dem Weg zum Erwachsenen überstrapaziert sein. Seine Sicht der Welt ist frei von Leiden. Es ist die schlechte Erfahrung, die man aus dem Weg gehen kann. Dennoch, manchmal kann man das Negative nicht ausweichen. Unser Instinkt leitet uns aus den Gefahrenzonen. So einfach war es schon immer gewesen. Längerfristige Bedrohungen oder aufbauendes Zerstörungspotenzial können wir erst realisieren, wenn wir erfahren genug sind. Beispiel (Nazi-) Deutschland. Alliierte Staaten beobachten die schädlichen Auswirkungen des proklamierten 1000 jährigen Reiches. Die ahnungslosen (jungen) Deutschen können jederzeit spielerisch zu Schläfern ausgebildet sein, um erneut als Neuzeitkrieger mit aller Wucht das vierte Mächtereich durchzuboxen. Demokratisch denkende Kinder sind die Hoffnungsträger einer Nation. Sie haben zudem keine eigene Erfahrung mit einem todesbringenden Weltkrieg. Der demokratische Staat duldet die rechtsradikalen und ultranationalen Wähler und klärt sie nicht wirklich auf. Jeder sieht sich im Recht. Die chaotische Mehrheit kann den freiheitlichen Gedanken umpolen, zumindest aber innenpolitisch destabilisieren. Die Liebeswärme der Nachkriegsära hat sich verflüchtigt. Innerhalb der Europäischen Union und innerhalb der Nato niestet sich der unauffällige Neufaschist ein und verbreitet seine schädlichen Ideen. Allein sie auszusortieren ist eine immense Arbeit mit guter Wille. Das Positive kommt gewöhnlich aus dem Glauben. Das Deutsche Christentum wurde allerdings effektiv gleichgeschaltet. Es muss zusammen mit seiner Naturreligion (Kelten) nun zu seinen heilvollen Wurzeln begeben. Kein Führer wird die (arischen) Germanen leiten. Sie müssen erwachsen werden und ihren eigenen Weg gehen. Das war und ist die Vielfalt in einer Naturreligion. Die Demokratie favorisiert die Unterschiedlichkeit des Individuums. Griechen waren keine hinterlistige Trojaner, nur eine kleine Gruppe benahm sich anders. Über die tatsächliche Ursache wollten uns die Römer nicht berichten, so wie sie vieles zu ihrem Vorteil verschweigen konnten. Niemand hatte die Cäsaren befohlen. Das würde bedeuten, sie waren einfache Soldaten, sind sie aber nicht. Auf jeden Fall waren sie Europäer, die Kelten, Wikinger und Hebräer auch.

Rückblick

Tiere spüren das Leidvolle. Sie können sich jedoch nicht äußern. Sie geben einen Ton aus, selbst vor ihrer Schlachtung. Davon können Metzger einen Lied singen. Haben Vorweltzivilisten sich durch den langen Aufenthalt im wilden Urelement physisch und psychisch zurückgebildet? Die Antwort lautet ja. Hatten sie anders vorgehen sollen? Sie hatten keine zweite Option. Gegen die Naturgewalten kommen wir uns winzig vor. Kolumbus hatte bei seiner Atlantik-Überquerung genug Proviant mitgenommen. Trotzdem traten Krankheiten auf den modernsten Schiffen auf. Die Mannschaft meuterte und gab ihn die letzte Galgenfrist, um danach umzudrehen. Was schließlich folgte, stand schon fest. Er änderte daraufhin den Kurs. Jetzt musste er nur irgendwo anhalten. Die Küsten Asiens auf der Karte kannte er gut. Wenige (3) Tage vor der Frist wurde indianisches Land gesichtet, ein Wunder für den Kapitän und seine Rettung. Er wusste bestimmt, dass das entdeckte Land nicht Indien sein konnte. Er lies alles dokumentieren, damit die Nachwelt seine Annahme überprüfen kann, welche wahre Absichten vorlagen. Er war Seefahrer, wusste nicht, ob die Meuterei gesteuert war, ob er uneingeschränkt das Oberkommando an Bord hatte, ob mehrere Oberbefehle sich überkreuzten, ob neue Kapitäne seinen Ruhm zu übernehmen beabsichtigten, ob schlichtweg Angst vor den See-Monstern, den gefürchteten Seekrankheiten, dem Untergang ihnen überkam.

Was wäre, wenn Chaos die Oberhand gewann und jeder seine eigene Rettung gefunden hatte? Von den besten Wikinger überlebten eine Anzahl von Generationen auf den kleinen Inseln. Der kleine Rest verschwand allmählich von der Oberfläche. Nach dieser dritten Evolutionstheorie verteilten sich die Ur-Zentren um den heutigen 28. Südbreitengrad. Wie lange die Zeit für eine Welt zurücklag, können wir berechnen:

18 x 5.125 = 92.250 Inka-Jahre

Die Höhlenbewohner von Lascaux lebten 46.125 Jahre nach der letzten, großen Hauptsüdwarmzeit. Sie hatten dunkle Haarfarben der Nacht. Bedingt durch die dunklen Tiere musste das Kontinent am Äquator

                    Warum existiert alles natürliche?

befunden haben. Weisse Lebewesen kamen beim kurzen, schwachen Sonnenschein hinzu. Vor ihnen war das Gebiet hell und warm. Das macht sich in den farbigen Bilder bemerkbar. Kräftige Bemalungen sind Ausdruck einer höheren Zivilisation, da die langanhaltenden Pigmenttönen kaum von einem Einzelnen beschafft werden könnten. Ihre Grundsubstanzen wurden in Gemeinschaftsarbeit veredelt. Die Vorkulturen begannen, sich zu entfalten. Von den Tierschwärmen können wir ableiten, Zivilisationen haben ihren Stamm. Nicht verwunderlich, Römer identifizierten sich stark mit ihrer Stadt. Sie eroberten fast ganz Europa und führten am Höhepunkt ihrer Macht Bruderkriege untereinander. Dieser destruktiven Strategie haben wir die Familienplanung zu verdanken (Beispiel). Die Einführung der Geburtenkontrolle zielt auf die Schwächung des Gegners oder vielmehr deren Bevölkerung. Der Feind verliert die Überlegenheit. Nicht schlimm genug. Eine andere Vorgehensweise ist die Herabsetzung des (feindlichen) Verstands. Desinformation zerstört aufs Einfachste die Bildung im Lande. Gute Absichten werden als schädlich eingestuft. Etwa: Was führen die

Herren im Schilde? 2.: Erotische Literatur sind pornografische Werke – sie zerstören die moralische Gesellschaft (gefühlslos). 3.: Frauenemanzipation – Feministinnen haben absolut recht (Frauen sind nicht gefühlslos, aber Soldatinnen). Schlechtes wird zu Ideale stilisiert. Konkret: Nur heimische Medikamente heilen, ausländische sind wirkungslose Imitate. Weiter: Asiaten sollen ihr Land selbst mit Industriegifte verseuchen, wir waschen unsere Hände in Unschuld. Drittens: Lateinamerikaner können spanisch (portugiesisch) sprechen, sie sind trotzdem unterentwickelt. Wir "Katholiken" sagen das, wir meinen so.

Bild Nil-Tempel: der Welt. Repräsentiert das Paradies mit Bäumen (Säulen) zwischen Himmel (Dach) und Erde (Boden). Prächtige Farbbemalungen weisen auf die Tropen hin.

Eine Palette von derartig zerstörerischen Praktiken läßt sich an dieser Stelle aufführen. Man könnte einwenden, das Schlechte unter uns darf keine Stimme haben. Darin sind die europäischen Handlungen begründet. Das führt dazu, dem feindlich Besonnenen die ganze Schuld zuzuschieben. Das ist die klassische Kampfstrategie. Unter dieser bekämpfen Deutsche Deutsche, Italiener Italiener, Franzosen Franzosen, Chinesen Chinesen, Christen Christen, Buddhisten Buddisten, uvm. Schauen Sie einfach auf die Weltkarte. Viele Länder wurden auf dem Reißbrett zugeteilt, also nach Beliebigkeit. Sie verfolgt kein Ziel. Diese Führungstradition wirkt sich weltweit aus. Ergo: Das <u>Chaos</u> regiert uns. Wir pochten hoffnungslos auf die Gerechtigkeit, Gleichberechtigung, Fortschritt und alles Edle. Einerseits ist der Gentleman zweifellos ein zivilisierter Mann. Jetzt kommt in uns das Gegengefühl auf, er wäre doch genau wie wir ungehobelte Bauer. Zwei gegensätzliche Sinngehalte meint das Wort. Was ist nun richtig? Beides ist wahr. Beides ist falsch. Der einfach Denkende kann nicht tiefgründig die Zeit mit einer Philosophie verschwenden. Er wendet trivialerweise beides an, einmal so, ein anders Mal nicht. Die meisten von uns handeln nach dem chaotischen Prinzip. Die Antwort lautet: Wir haben nie Hunderte von Worte für die selbe Sache benutzt. Ein Wort hat ursprünglich nur eine bestimmte Bedeutung. Verschiedene Völker sprechen ihre Muttersprache. Übersetzungen, Ausdrucksweisen, Häufigkeit im Gebrauch verzerrten die Bedeutungen, weil wir nicht alles verstanden. Uns fehlt das Verständnis für Kulturen. Neue und alte Worte häufen sich zu einem Wortschatz. Wenige sind im Zustande, zu erläutern. Fazit: Wir befinden uns nicht im Krieg. Wir haben <u>viele Meinungen</u>, erst recht in einer lebendigen Demokratie. Individuen denken sehr unterschiedlich.

Ausblick

Ohne Maschinen kommen wir heutzutage nicht aus. Denken wir an die Küchengeräte oder Waschmaschine (mit viel Wasserverbrauch). Vorweltliche Erfindungen schließen sie ein, weil Werkzeuge nachgewiesen. Irgendwie mussten unterirdische Behausungen doch beleuchtet werden. Permanentes Feuer wurde eingesetzt. Mit Fackel brannte es. Seine Weiterentwicklung musste gegeben sein. Als gute Beispiele seien Feuerschneisen und Schiffe genannt. Robusteste, verwendete Materialien gewährten die Überquerung der urstürmischen Meere. Die moderne

 Warum existiert alles natürliche?

Kriegsführung ist nicht etwa in unserer Zeit entstanden. Auseinandersetzungen führten regelmäßig zu Schlachten. Auf allen Kontinenten wurden Waffen hergestellt. Wo sind sie geblieben? Wenige Exemplare sind erhalten und das nach gerademal 8000 Jahren. Tanker bzw. Schiffwracks lösten sich zeitgemäß auf. Waffen konnten sich gegenseitig vernichtet haben. Innovationen setzten eine konstante Erfindungskraft voraus, um neues zu erschaffen und altes zu erhalten. Bevor wir zu den Einzelheiten im Norden des Erdkugels übergehen, bleiben wir noch im Süden. Bei den solidesten Pyramiden und gigantischen Inkakomplexen in Cusco wurde schwerste Monolithsteine ohne moderne Werkzeuge bearbeitet und fügten sich nahtlos zusammen. Wir können eine wahrlich lange Tradition der Errichtung von Schutzbauten gedanklich verfolgen. Die Urmeister der Architektur versetzen uns sprachlos in eine Welt des sonderbaren zurück. Sind wir wirklich die am fortschrittlichsten? Könnten ihre Urmaschinen nicht große Robustheit besitzen? Wir schmelzen alle Metalle. Wie lange werden Maschinen funktionieren? Könnte die heiße Sonne über Tausende von Jahren den südlichsten Sand zum Schmelzen gebracht haben? Daraus bekommen wir gewöhnlich Glas in guter Qualität. Höhere Temperaturen könnten oberflächliche Diamantensteine die höchste Härte verleihen. Erze formten sich aus der Dauerpolhitze. Edelsteine kristallisierten sich.

Im Allgemeinen stellen wir Produkte mit den uns zur Verfügung stehenden Mittel her, Holz für Holzhäuser, Aluminium für Flugzeuge, Stahl für die industrielle Maschinerie, etc. Die Veränderungen in der Umwelt musste sehr umwälzend gewesen sein. Die Werkzeuge wurden stetig primitiver und leichter im Gebrauch. Ein weiterer Faktor begünstigte den Verfall. Der unbändige Südwind (Dauerzyklonen) wirbelte alles auf der Oberfläche in die Luftatmophäre. In der Evolution wuchsen Urbäume in dauerfeuchten Zonen zu Giganten, Urtiere entwickelten sich zu Riesen. Sie fraßen kleinere Spezien. Die Urfauna und -flora existierten in bestimmten Erdregionen. Wir hatten Schwierigkeiten, uns zu vermehren. Städte verfielen. Niemand produzierte die nächst besseren Maschinen. Alte gaben ihren Geist auf. Ohne Wassergewinnungsanlagen konnte keine großflächliche Landwirtschaft erhalten

                    Warum existiert alles natürliche?

werden. Dafür stand genügend Salzwasser zur Verfügung. Die Infrastruktur (Leitungen) konnten von einer großen Arbeiterschaft nicht dauerhaft erhalten werden. Aus aktuellen Jupiter-Bildern der NASA ist im groben ein sehr großer, flüssiger Südozean auf der hellen Südseite zu erspähen. Die Situation auf dem großen Planet reflektiert die Lage der vergangenen Erde sehr gut. Darauf sehen wir detailliert die Vergangenheit unserer Erde. Der Beobachtungszeitraum ist allerdings noch unbekannt. Der Gürtel der Dauerzyklonen mit Wirbelzentren im Erddurchmesser sind klar zu lokalisieren. Im Moment ist das Geschehen auf der Oberfläche als relativ überschaubar zu bezeichnen.

Sollte auf dem Jupiter kein Leben existieren, sind sie auf jeden Fall für uns nicht sichtbar. Ihr Aussehen wäre uns unbekannt. Zweitens wären sie anders gebaut. Drittens, die Gravitionskräfte würden Erkundungskapseln zusammendrücken. Einmal landen und es gibt kein Zurück. Leben könnte in einer späteren Phase aufkeimen, nach sehr vielen Welten? Dort laufen die biologischen Prozesse vergleichsweise sehr langsam. Unklar bleibt das Verhältnis von Wasser zu anderen flüssigen Elementen. Ohne den Erdanteil an Salzwasser verlaufen die Entstehung des uns bekannten Lebens in einer völlig anderen Richtung. War die Erde bei ihrer Entstehung ähnlich geschaffen? Rätsel für Rätsel, in einem Menschenleben können wir viel feststellen. Forschungen bringen so gut wie nichts. Zunächst einmal müssen wir mehr Fakten über das Leben auf der Erde zusammentragen. Wie lange können wir wissenschaftliche Arbeiten durchführen und zusammen diskutieren? Flüge ins Weltall gehen zur Zeit von der Erde aus und werden von hier aus koordiniert. Astrophysiker verschiedener Nationen sollten Ergebnisse festigen, weniger verwirren. Ferne, bemannte Expeditionen können wir uns nicht erlauben. Wie lang könnten Astronauten an Bord leben? Eine einfache Reise zum Jupiter dauert etwa 5 Jahre. Sensoren ersetzten unsere Augen. Beobachtungen per Satelliten haben momentan einen Inspirationscharakter, mehr nicht.

Alte Bauerregel besagen, die Welt geht ihren Gang. Zum Glück sind nicht alle Bauer. Priester setzen das Vertrauen in Gott und retten, was zu retten ist.

          Warum existiert alles natürliche?

Jahrzehnte lang wütete die Pest über Europa. Hoffnungen an den Allmächtigen ließen in der Hoffnungslosigkeit des 30-jährigen Krieges nicht nach. Nach der Seuche wurden die Kirchen beider Konfessionen wieder aufgebaut, als wäre nichts geschehen. Was lernen wir daraus? Während der Kolonisierung wurde die alten Völker weltweit mit Krankheiten der Eroberer angesteckt. Ohne Kampf siechten zahlreiche Opfer dahin. Erst danach merkten die Herren, welches zerstörische Seuchenpotenzial in ihrem Körper steckte. Hochinfektiöse Krankheitserreger niesteten sich unmerklich in ihrem Wirt ein. Beim Krankheitsausbruch schlucken wir hochwirksame Medikamente. Gegen die Bakterienattacken kann eine Heilsubstanz auf natürlicher Basis urplötzlich nicht viel ausrichten. Die <u>Erregermutanten</u> sind in der Überzahl. Die Natur ist unser aller Zuhause. Stirbt das Opfer, triumphieren die starken Parasiten.

Bild Obelisk: Sonnenstrahl (vergoldete Spitze)

Gerade in den Städten der vorhergehenden Menschheit signalisierten Seuchen eine höchst lebensbedrohliche Gefahr. Der Untergang einer sehr hochentwickelten Urzivilisation konnte von den Bewohner selbst ausgehen. Die abwehrstärksten überlebten, nicht die weisesten und die klügsten, im Ernstfall auch nicht die Heilgeübten. Maschinelle Doktoren mochten anweisen. Die Infizierten kämpften ohne zu kämpfen. Nach Epidemien blieben nicht genügend Erfahrenen übrig. Topmoderne Urinfrastrukturen blieben nicht dauerhaft erhalten. Die Tatsache über die Kornernährung hat mit der <u>Krankheitsprävention</u> zu tun. Erstens musste der Boden aufwendig bearbeitet werden. Dann folgte die Aussaat. Die Ernte kann mit der Reifung eingeholt werden. Vor den Inkas wurde bereits Getreide kultiviert, zu einer Zeit, wo Südamerikaner als primitiv abgestempelt wurden. Unser Magen kann pflanzliche Nahrung problemlos verdauen. Bei ungenügend frischem Schweinefleisch traten in der Vergangenheit schlimme Erkrankungen auf. Mohammed verbot den

          Warum existiert alles natürliche?

ungesunden Verzehr.

Zurück zur Machbarkeit. Spezialgeräte konnten unspektakulär eine lange Kulturzeit überbrücken. Was unsere Vorläufer machen mussten, war ihre regelmäßige Modernisierung. Ohne eine ideale Gesellschaft war es sicherlich nicht zu schaffen. Autonomes Erfindungspotenzial, d.h. die Fähigkeit des selbständigen Lernens per künstlicher Intelligenz, war auf die Dauer sehr schwer sicherzustellen. Implizit wuchs die Vegetation nicht konstant. Die Tierwelt geriet in ein Auf und Ab. Intelligente Maschinen kommen und gehen. Diese Technologie könnten auf der Südhemmisphäre existiert haben. Hier blickten die Menschen auf die <u>Milchstraße</u>. Sterne prägten das heimatliche Bild, anders wie auf dem Nordhalbkugel. Dort wandert der Blick auf den <u>Galaxierand</u>. Die leuchtende Himmelskörper musste eine wichtige Rolle gespielt haben. Sie bekamen ihren göttlichen Namen. Für Normalsterbliche haben sie nicht mehr Bedeutung als für den Bauer. Nicht so für den Sterndeuter mit seinen Maschinen. Dahinter stecken die Götter hinter jedem Stern, überlieferter Glaube antiker Griechen,

Babylonier, Asiaten (Indochina), Südamerikaner, u.a. Die Wahrheit erkennen wir vorranging als Silhouette. Helle Planeten reflektieren entweder das Licht oder sie sind selbst Sonnen bzw. Galaxien, wie wir aktuell wissen. Wir müssen die Glanzleistung zu dieser Erkenntnis anerkennen. Hatten Gelehrten die Sterne kontinuierlich beobachtet? Eine Maschine könnte die astronomische Arbeit mehrere Leben lang übernehmen.

Was wir für die Herstellung benötigen, ist Stahl (Eisen). Wegen der minimalen Verfügbarkeit von Holz konnten die ersten Inkas Metall nur für religiöse Zwecke herstellen. Am dritten Endabschnitt der Vorwelt wurde die Urhitze am Südpol immer intensiver. In Betracht kommt die Möglichkeit des natürlichen Schmelzablaufs unter freiem Himmel. Urgewalten verhinderten hingegen den dortigen Aufenthalt. Eine kleine örtliche Hitze würde ausreichen, um <u>Keramik</u> und <u>Ziegelsteine</u> herzustellen. Für beiden stand lokaler Ton in Mengen zur Verfügung. Wenn auch schwer einzusehen, Ziegelhäuser können zu Staub zerfallen. Siehe Induskultur. Babylonier verwendeten keramische Platten für ihre Tempelanlagen und verfallen wieder. Es

          Warum existiert alles natürliche?

ist eine Frage der Zeit, wie lange Stahl-Beton-Gebäuden bestehen bleiben.

Angenommen, Graurassen konzentrierten sich auf den zunehmenden, melierten Schneemassen. Die ganze Zeit über niedrige Temperaturen zu haben, waren noch akzeptabel. Die dunkle Dauerfrost schreckte jeden ab. Ihre Ausdehnung platzierte die meisten auf die Südabschnittsruten. Manch einer verließ den Schnee, wanderte auf lange Distanzen, blieb in den kühlen Gebieten. In den Wirren der Naturkatastrophen kam die Herstellung von warmer Bekleidung ins Wanken, dann zum Erliegen. Wohnsitzverlagerungen waren für eine halbe Welt die Regel. Dauerschnee erhellte das Aussehen.

Just mittendrin auf dem anderen Urkontinent Australiens fielen die weiße Rassen nach dem Rückzug des Südpermafrostes in der Landschaft auf. Ihr Heimat umfasste zudem Ursüdamerika, Ursüdafrika, Urindien, u.a. Weite Distanzen zwischen den Nord- und den Südweißen legten sie auf jeden Fall besser mit schnellen Fortbewegungsmitteln zurück. Seltsam, wenn archäologische Artifakte nicht vorlagen, die die Vermutung belegen könnten. Mit Glück werden sie auftauchen. Sollen wir auf einen Zufall warten? Nicht unbedingt. Die Naturreligion war die gemeinsame Basis für das globale Urvolk. Die heute isolierte Osterinsel hat ebenso eine eigene anzubieten. Ihre ausgestorbene Schriftzeichen schlossen Bilder von der Meeresfauna und -flora ein. Die Gebetstexte wurden Wort für Wort der Reihe nach in gerade Zeilen verfaßt, identisch wie alle uns bekannte.

GEBET = SUREN AUFSAGEN = REZITIEREN
       = HEILIGE WORTE

Darin sind das <u>Datenbuch</u>, den Kalender, die Astronomie, Heilkunde, Mathematik und vieles mehr enthalten. Die <u>Komprimierung</u> geschah schlichtweg aus Resourcenmangel. Überlieferte Felszeichnungen präsentieren Bilder im wahrsten Sinne. Aus dem traditionellen Bewußtsein wurden Höhlenbemalungen erneuert. Das heilige Wissen wurzelte anderweitig in den heiligen Medien (Bücher, Tafel, Bilder, bewährte Praktiken, Rituale, Tanz, Gesang, Musik). Sie waren über

                    Warum existiert alles natürliche?

all die Dauer erhalten geblieben, wenn auch geringmäßig oder lokal verändert.

Anomalie Kult

Hinsicht des Heiligenaltars gesellte sich der Kult des Drachen. Hauptsächlich war mit ihm das nützliche, speiende Wasser gemeint. Der Drachenkaiser stützte sich auf die heilende Kraft des Urtieres. Er regierte in seiner Tradition das Reich der Mitte. Unglücklicherweise wurde er in einer chaotischen Ära gestürzt. Auf seinem Thron saß ein wilder Fremdkaiser, der ebenfalls Anspruch auf seine Legitimation erhob. Seine Armee war bekannt als die gefürchtete, goldene Horde. Sie kämpfte mit dem vernichtenden Feuer. Durch die schreckliche Herrschaft etablierte sich die Gefahr unter dem Begriff des feuerspeienden Drachen in Europa. Ritter sollten den Mut aufbringen, dagegen vorzugehen. Sie waren nichts geringer als Römer mit privilegierten Ländereien, die einheimische (und eigene) Prinzessinnen zur Frau nahmen. Mitunter waren zärtliche Schönheiten in hohen Türmen eingesperrt. Ihr lieblicher Gesang betörte die Retter. Das schöne Mittelalter ging in die Europäische Geschichte ein. Nun, die neuen Ritter unter uns mögen fremdländische Jungfrauen allen Alters.

Grenzvorstellung

Der Glaube an die Wiedergeburt könnte sich auf das <u>Wiedererscheinen</u> der weißen Rassen, der schwarzen, der rötlichen, der blonden, der dunkelbraunen beziehen. Der Daueraufenthalt in einer der vielen Zonen generierte die optische Arten. Gegen Ende der großen Südwarmzeit verteilte sich das Licht auf mehr Kontinente. Die Völkerwanderung setzte sich zurück in die nördliche Richtung. Die humanen Arten betraten neues Land. Gemeinsam unterschieden sie sich in ihrem Aussehen. Nach dem Untergang der vorigen Landschaft erfolgte ein Comeback mit all den ursprünglichen Arten. Kleine Reste von ihnen harrten sich überall aus. Sie hofften auf bessere Zeiten und sie kamen wieder. Mächtige Städte zerfielen lange nach ihrer Blütezeit zu kleine Siedlungen. Die sesshaften Bewohner wurden zu Jäger. Sobald ihre Zeit gekommen war, vermehrten sich die Jägergesellschaft. Nach und nach entstanden irgendwo ihre zukünftige Megastadt.

Bild Petra-Heiligtum: Sonnenschein erschuf das Paradies, stellvertretend durch den Tempel.

Die große Südeiszeit vollzog sich vor der Südwarmzeit auf der Südhalbkugel. Feste Eisflächen überbrückten die nah rückenden Kontinente. Dunkle bzw. Schwarzhaarige wanderten den sicheren, dunklen Warmküsten entlang. Mit der langsamen, unausweichbaren Helligkeit wandelte sich ihr Aussehen. Auf den Inseln unterschiedlicher Größen würden wir geschützte <u>Biotope</u> vorfinden. Weiße Wallerbeys beweisen die Existenz ihrer Art auf tasmanische Überregionen. Nachtaktive Tiere jagen in der Nacht. Eine springende Ameisenart gibt das Geheimnis ihres früheren Lebens auf der heißesten Wüste preis. Riesenschildkröten, die ungleich geschlechtliche Sorte der Coco de Mer gedeihen auf den Seychellen. Der ungleich geschlechtliche Gingkobaum verbreitete sich in einem Großraum, der bis Japan reichte. Süddeutsche, schwarze Ameisen mit einem bienenhaften Aussehen laufen zur Zeit ohne Stachel. Ihre Flügel können sich herausbilden. Viele flugunfähige Vögel flogen in einer stürmischen Atmosphäre sehr gut. Sogar Pinguine könnten geflogen haben.

Die Südeiszeit verschwand später allmählich. Ihre Zentren lagen verdächtig gelinde auseinander. Unsere momentane, weiße Rasse mit blonden Haaren und blauen Augen stellt rein rechnerisch einen sehr kleinen Prozentsatz dar. Die meisten sind verschiedenartig brünett, unterschiedlich blond, ansehnlich bläulichäugig. Ihre Figur haben mehrfach typische Kurven und die Haut getönte, gesunde Schattierungen. Apropos brünett, Aborigines und Ursüdamerikaner hatten Gene der Südpolweißen. Die Tendenz zur <u>Vermischung</u> ist unübersehbar und das natürlichste. Eine neue Art von ansässigen Europäer wird sich herauskristallisieren. Globale Veränderungen führen zu globale Auswirkungen. Manche von uns müssen bei einer Temperaturerhöhung viel schwitzen. Mehr Insekten (Mücken) fühlen sich heimisch. Sich mediterran, arabisch oder vielmehr vegetarisch zu ernähren, bedarf eine deutliche Umstellung. Der Wildbestand reduzierte sich signifikant, in Orient längst Realität geworden.

Denken wir an den Indigenen, verstehen wir darunter ein Mitglied eines primitiven Volkes. Aus dem zweiten, biologischen Blickwinkel gehören sie zum Homo Sapiens. Er ist viel intelligenter geworden. Er war hochintelligent. Fehlende, traditionelle Schriften ergaben sich aus der getrennten Vernachlässigung bzw. <u>Umweltbedrohung</u>. Kleine Flächen wurden kleiner. Eine schrumpfende Gesellschaft hatte Probleme, sich über das Wasser zu halten. Die Piraterie unserer Zeit vernichtete einige hilflose Volksgruppen.

In vielfacher Hinsicht kam die Verständigung über große Gebiete nicht zustande. Dauertrockenheit ließen die hochmodernen Ur-Urstädte schrumpfen, daher die Urverlagerung. Wassermangel verwandelten die Landschaften vielerorts zur vielfach heißen Sahara, ein Grund für unseren vormals evolutionären, aufrechten Gang auf kleinflächigen Füßen. Minimierung nördlicher Zivilisationen infolge von Dauerkälte traten langsam ein. Weiße Artgenossen auf Feuerland verschwanden von der Oberfläche. Wärmegewohnte Rassen hatten Chancen in erträglichen Regionen. Viele großangelegte

Sammelbecken aus der fortschrittlichsten Rest-Gesellschaften fingen den kostbaren <u>Tauniederschlag</u> für den Durst und die unverzichtbare Landwirtschaft ein. Das Wild belegte seine Plätze. Unsere Zukunft wird solche Engpässe begegnen. Nordkontinente werden sich auseinanderklaffen. Neue Regionalrassen mit dem gewohnten Aussehen werden die Vielfalt gestalten.

Unsere Atmosphäre erfährt z. Z. vermehrte Orkane. Die wärmere, globale Temperatur verteilt sich bis zu den Polen. Die Sonne scheint weitgehend das ganze Jahr über. In Verbindung mit dem Tag-Nacht-Rythmus befinden wir uns vornehmlich in einem gemäßigten Zustand. Die Nordregionen heizen sich leicht auf plus der jahrtausendelange, angenehme Sonnenschein leistet seinen Beitrag. Das selbe Phänomen existierte in der Vergangenheit über der Südhalbkugel. Unglaublich, aber wahr, sie wird nun die kühlere Phase erfahren. Auf den trockenen Sandflächen wird sich zunächst mehr Feuchtigkeit in Form des Taus niederlassen. Siehe Outback Australiens. Unter dünner Humusschicht verteilt sich der ehemalige Wüstensand. Niederschläge verdunsten nicht so schnell wie in den Tropen, gut zu

                    Warum existiert alles natürliche?

erkennen in den vergleichsweise kleineren Wüsten der Südhemmisphäre. Vereinfacht ausgedrückt, sie werden grün werden. Abgestorbene Pflanzen sorgen für Nährstoff für die <u>Südvegetation</u>. Nicht wenige Untergrund bestehen aus gemischtem Sand. Dauerhaft getrocknet und vom Winde verweht könnten sie wieder zu Wüsten werden. Die bisher im Boden erhaltene Sonnenwärme könnte für die zukünftigen Kinder von großem Nutzen sein. Der Wind trägt die staubigen Wüstenbestandteile zu den entlegensten Erdregionen. Eine dauerhafte Flora könnte die regionale Bevölkerung ernähren. Bis zu dieser Stelle sollte in uns eine Vorahnung aufgekeimt haben, nämlich die Wechselwirkung zwischen den Entwicklungen auf beiden Erdhälften. Feldäcker werden von globalen Phänomenen beeinflusst.

Irdische Wechselwirkung

1. Vor mehr als 8000 Jahren (altägyptische Kultur) konnten fruchtbare Gebietsteile am Äquator den Wohlstand der Gesellschaften mit Bauernerzeugnisse garantieren. Das klappte sehr gut. Mächtige Reiche,

genauer Hochkulturen entstanden. Als die Erträge nicht ausreichten, mussten neue Gebiete erschlossen werden. Dies führte dazu, dass Flächen außerhalb der bekannten Territorien angelegt wurden, besonders die der Wagemutigen und Pionieren. Wie die Ameisen zerstreuten sich die Völker. Aus kleinen Siedlungen enstanden im Folge neue Hochkulturenvorläufer, z.B. am Mittelmeer. Wie sie ihre Waren über große Distanzen unmotorisiert transportierten, haben wir eine erste Ahnung, nämlich über die bekannten Infrastrukturen. Ohne Maschinen hatten sie vieles erleichtert. Zur Zeit werden Warentransportkosten durch Rohöl gedeckt. Es ermöglicht den Wohlstand der Städte. Unternehmen profitieren vom weltweiten Absatz. Die Baubranche erhob sich zum wertvollen Globalplayer. Maschinen und ihre Prototypen sind Produkte, die zu nützlichen Helfern geworden sind. Der Treibstoff (Öl, Gas, Kohle) lagerte sich in unterirdischen Reservekammern. Mit der kontinentalen Verschiebung waren sie an die Oberfläche gelangt (Amerika). Alternativ müssten Motoren Fette oder Öle nach der traditionellen Methode verbrennen. Warum wir in unserer Zeit Maschinen erfunden haben, hatten wir

     Warum existiert alles natürliche?

~2500 Jahre davor Buddha und Herrscher wie Ashoka zu verdanken. Sie haben die erste Mönchs- und <u>Schulbildung</u> mit Eifer eingeführt. Sie hatten sich mit ihrem heiligen Wissen und ihrer Kraft für das Gute eingesetzt. Vor 2500 Jahren wurden die (naturreligiösen) Eliteschaften ausgebildet. Allerdings gab es quer durch die Dauer einer halben Welt immer wieder falsche Heiligen und halbheilige Lehren, die ihre eigene Existenzen bedrohten. Erstens läuft man auf einem falschen Weg irgendwann in die Irre. Das kann zum Beispiel in 10.000 Jahren sein. Zweitens verschwanden die Halbheiligen dann auch von der Oberfläche. Drittens waren die Entwicklungen vielleicht gewollt. Sie wandelten sich zum Teil zu Ideologien. Gerade Religionen konkurrieren um Ressourcen, um Geld, Macht ... Das sind menschliche Verhaltensweise. Eine beständige Weltreligion beschützt den Frieden, fördert den interkulturellen Dialog. 2 Garanten für 2 Frieden, 3 für 3. Wie bereits die alten, religiösen Völker wußten, der richtige (rechte) Glaube kann Berge versetzen (z.B. Technologie). Der altägyptische hat faktisch längst geendet.

Ein Blick auf den Brennstoff der Industrialisierung. Braunkohle ist von relativ jungem Alter. Steinkohle sind uralt. Hohe Häufungen von Erdölquellen verteilten sich unter anderem nahe dem Äquator (Venezuela, Arabische Halbinsel, Iran, Irak). In unserer aktuellen Welt traten Nordamerikaner auf Erdöl, Südamerikaner auf Gold und Edelmetalle. Auf was wertvollem liefen übrige Kontinentaler? Überall auf der Welt lagen die vorweltlichen Lebensräume. Vorkulturen könnten eine frühe Brennstoffform gefunden haben. Ohne die Bewegung der Erdplatten können wir uns die Erdschichten kaum vorstellen. Konzentrationen von unterirdischen Quellen könnten sich mit der Plattentektonik herausbilden. Die erste Kollisionsgruppe betraf Afrika, die Arabische Halbinsel, das Indische Subkontinent, West-Myanmar, den malayisch-indonesischen Westinseln, Westaustralien, Südamerika sowie Nordamerika. Die zweite Gruppierung umfasste Ost-Südamerika, Ost-Nordamerika, teilweise Süd-Grönland, Westeuropa, Westafrika. Zu der dritten

Einordnung gehören Süd-Alaska, Süd-Grönland, die Eurasische Platte, Süd-Australienplatte, Amerika. Viertens sind Grönland, die gesamte Ostseite von Asien und Australien, Ost-Amerika zusammengefasst.

2. Aufgrund der schrumpfenden <u>Rohstoffquellen</u> wird längst nach neuen Lagervorkommen geortet. Erdöl und Erdgas sind biologischer Ursprungs. Deshalb sollten wildwachsende Alternativen sowie alternative Energiequellen nachhaltig erschlossen werden. Windparks decken nur einen geringen Teil an Potenzial ab. Was wird geschehen, sollten die Nordstürme global zunehmen? Gegenwärtige Orkane richten gelegentlich zum Teil schwere Verwüstungen an. Solarzellen, Windkraftwerke, Staudämme u.ä. können die Belastungen nicht standhalten. Flüsse trocknen langsam aus. Nord-Tsunami-Gefahren lauern auf Städte mit Atomkraftwerksnutzung. Alternatives zu den Alternativen müsste sich noch durchsetzen. Die Tendenz ist nicht zu leugnen. Die griechischen und südspanischen Siedlungsgebiete verlieren jährlich fruchtbare Böden. Der Wind trägt die leichten Humuspartikel fort. Keine neue, flächendeckende

Bäume halten die <u>Erosion</u> auf. Rodungen der Vergangenheit fordern heute ihren Preis. Neue Felder auf den früheren Böden großer Seen, Beispiel am Bodensee, versprechen mehr Erträge. Ein gutes Vorbild nicht nur für die Obstbauer auf Sri Lanka, wo Handelsinteressen alte Stämme zum Zerbersten bringen. Natürlich sind wenige Feuchtgebiete in Südeuropa erhalten geblieben, auf denen Störche beheimat waren. Hungersnöte im Mittelalter zwangen die Bauer dazu, Kartoffel anzupflanzen. Was wird die modernen Agrarlandwirte beflügeln? Olympische Kämpfe standen im Zeichen ihrer sehr traditionellen, heilvollen Praktiken in der subtropischen Heimat ohne Kleidung. Das Wort Scham ist eine spätere Erfindung, was eine strikte Verhüllung (wetterbedingt) zwingend vorschreibt. Es wird einfach nicht nach dem Sinn eines identifizierenden Kulturmerkmals gefragt. Hier schieden sich die Geister. Auf dem Olymp hatten die Götter ihren Sitz. Die friedlichen Wettkämpfe Ihnen zu Ehren vereinigten die Teilstämme. Experten von antiken Bauwerken haben die verwendeten Prachtfarben der Tempel ermittelt. Die Hellenen pflegten den Glauben ihres Urstammes. Das Dilemma liegt im Untergang der

                    Warum existiert alles natürliche?

Ohne den 
Olympischen
Urgedanken verwilderten Soldaten leicht. Brutalität gewann an Oberhand. Einhergehend mit dem schwachen Glauben musste eine Ordnung auf Staatsgewalt geschaffen werden. Währenddessen bekämpfte man sich gegenseitig. Sparta und Athen waren eins. Gegensätze zwischen der Verteidigung und Philosophie drifteten auseinander. Tempel wurden vernachlässigt. <u>Werteverfall</u> in einer Frühzivilisation weisen auf Merkmale einer isolierten, autonomen Randgesellschaft hin. Es mangelte weltweit an Nachwuchspriester. Ein Idealproblem bis zum heutigen Tag. Geografisch lag Altgriechenland außerhalb der Hochkulturen Persiens. Auf die Weltbühne projiziert, haben wir eine harmonisch gute (paradiesische) Zeit, wenn eine bestimmte Anzahl an Priester in der Gesellschaft die Tugenden lobpreist und aufrechterhält. Die Laienschaft folgt.

Bild Wasserspeicher Petra: *Terrassenförmig, uralt.*

Geschichten aus 1001 Nacht schilderte Alibaba, der mit einem Paßwort Zugang zu einer bestens geschützten Gemeinschaft hinter einer tonnenschweren, runden Steinplatte verschaffte. Räuber konnten nicht eindringen, weil ihnen die Losung "Sesam, öffne dich" verborgen blieb. Alibaba verstand sich mit der auf Sicherheit insistenten Höhlenstädter. Untergrundorte wie Derinkuyu wurden in der Türkei gefunden. Alibaba bewegte sich innerhalb jener sagenumwobenen <u>Wüstenzivilisation</u> mit unterirdischem Wasserader. Der Kampf ums nackte Überleben hatte bizarre Formen angenommen. Polynesier verfügen über sehr begrenzten Ressourcen. Ihre alten Städte liegen mit Sicherheit unter der Erddeckschicht (Oberfläche). Siehe Megalith-Skulpturen auf der Osterinsel.

Persien und Ägypten liegen längst in einer Trockenregion. Die ehemaligen Hochkulturen haben sich zu Oasen zurückgewandelt. Eine Europäische Nation wird dicht bewohnt werden, während die Wendung sich anschließt. Bei ungenügender Modernisierung wird ein Bruchteil der Population (von heutigem Stand) sich auf den besten Flächen

                    Warum existiert alles natürliche?

ansammeln. Ordnungskräfte schrumpfen. Machtbar wird sein, was leicht zu realisieren ist. Noch hat das Kontinent die Liquidität zur kurzfristigen Finanzierung eigenwilliger ESA-Weltraumforschungen. Für die Fortsetzung ist längerfristig eine größere Weltgemeinschaft von Vorteil. Daran wird kein Weg vorbeiführen. Ansonsten hat das abendländische Europa sich viel zu sehr auf sich selbst konzentriert. Seine Überseekinder waren alleine auf sich eingestellt. Sie entwickeln sich zu einer Eigenart, die dortige Heimatregion nicht verachten sollte. Das schließt die fremde Lebensweise ein. Sie selbst waren lange Zeit Fremdkörper, die den Schnee mögen. Vermutlich sollten sie nach Europa kommen und die neue Landschaft hier neu erkunden.

3. Die vermehrte Bestrahlung der Nordmeere sowie des Bodens treiben die Wolkenbildung an. Ihre konzentrierte Feuchtigkeit zieht sich zu den kühlwarmen Landparzellen und prasseln in heftigem Schauer nieder. Die Folge: weniger aber stärkere Regen. Wir haben mancherorts mehr kleinere Überschwemmungen. Im trockenen Boden sickert der

Niederschlag schneller. Weniger <u>Ernteerträge</u> macht sich bemerkbar. Auf länger überfluteten Feldern verfaulen die Nutzpflanzen. So sieht die Verlagerung mancher Äcker auf die kühlen Ebenen aussichtsreich aus. Nahe der Antarktiszone, beispielsweise in Feuerland und in Neuseeland, wird die Frost auf lange Sicht Einzug halten. Darauf liegt dann der Schnee. Starke, arktische Sonnenstrahlen wird den Schnee endgültig schmelzen lassen. Die Konsequenzen könnten in einem leicht höheren Meeresspiegel gipfeln. Leicht zusammenaufbrauende Stürme wechseln sich mit der stillen Atmosphäre ab.

Vor mehreren Tausend Jahren war das europäische Zentralfestland sehr kalt. Schnee fiel in Unmengen. Noch im 20. Jahrhundert mussten Bediensteter die städtischen Winterwege ständig räumen. Es bestand Rutschgefahr für jung und alt. Die Luft war rein und ruhig. Warme Brisen aus dem Süden wehten hoch über den Köpfen. Dadurch konnten die Schneemassen schmelzen. Bitterkalte Weihnachten waren keine Seltenheit. Meistens mussten die Kinder zu Hause bleiben. Der frostige Wind zog über das Kontinent, in

Richtung des Mittelmeeres. Im Sommer verwandelte sich das Land zum Feuchtgebiet. Störche kamen zu ihrem Ruf. Zur Zeit gewinnen die vermehrte Winde an Intensität. Charakteristisch sind die wärmeren _Luftzüge_ aus dem Süden. Mehr kalte prallen auf warme, folglich mehr atmosphärische Bewegungen sind zu beobachten. In Zukunft werden die Warm- länger, Kaltschübe kürzer dauern. Schließlich ziehen Wolken immer öfter von Norden nach Süden.

4. In Anbetracht des dauerhaften Ursüdwindes der Vorinkas sollten wir gefaßt sein, dass damit der zukünftige _Nordwind_ gemeint ist. Zunehmende Tornados bestätigen die Gewissheit. El-Niño beschert uns Stürme, warme Fluten, Fischsterben infolge von erhitzten Stauluft bzw. -strömungen, die sich gelegentlich im südlichen Pazifikbecken entladen. Sehr viel Potenzial ist in Sicht. Die treibende Naturkraft wird in der Nordhemmisphäre gelagert sein. Oberflächlich gesehen häufen sich die Gebirgsketten im Landesinneren. Sie werden höher. Ungefähr zu Beginn der nächsten Welt werden die tektonische Platten auf der Nordhalbkugel sich südwärts bewegen. Der

Erdmantel faltet sich teilweise erneut. Eine große, globale Erderwärmung wird der Anfang einer Kette von zukünftigen Naturereignissen sein. Beim jetzigen Tag- und Nachtwechsel verteilt sich unser Klima im Laufe von 24 Stunden. Höchst- und Tiefstwerte klaffen vermehrt auseinander. Hätten wir mehr Urwälder, könnten sie die Feuchtigkeit im Boden über Nacht speichern sowie tagsüber verteilt in die Luft abgeben. Trockenregionen brauchen mehr Bäume (Weihrauch). An ihrer Stelle haben Nutzflächen einen höheren Stellenwert. Das Studium über das biologische Prinzip mancher Mangrovenbäume Bangladeschs und anderswo verspricht lohnendes Geschäft für die zweite Generation von Wassergewinnungsanlagen. Auf kleinen Inseln wurde das Brunnenwasser schon salzig, je länger in Gebrauch.

Genaue Datenaufzeichnungen diesbezüglich können erst Aufschluß geben. Ozeanische Brandungsstärke gehören dazu. Was machen, wenn tiefergelegene Oberflächen austrocknen? Siehe Nordafrika. Auf den hohen Bergen ist das Klima feucht genug, Schnee kann darauf fallen. Schmelzwasser fließt zu den Oasen, in das

Niltal. Die hoch- und tiefgelegene Vegetation unterscheidet sich ganz wesentlich. Diese Gegebenheit liegt beispielsweise in Bolivien vor. Städte siedelten sich in hohen Lagen. Wenige auserwählte wissen den Grund. Die Nachkommen der Inkas mussten wegen ihrer Verfolgung seitens der Eroberer auf den Hochplateaus wohnen. Sie trotzten Wind und Wetter. Was war ihr Geheimnis? Kulturell gab es zum einem die göttliche Maispflanze. Für die hohen Eliten ist der göttliche Cocastrauch immens wertvoll, weit mehr als Gold und Edelsteine. Die schädliche Wirkung in hoher Dosis war ihnen bekannt gewesen, weshalb sie den Beipackzettel sozusagen mitgegeben haben, uns unglücklicherweise nicht. Das Wissen wurde uns verschwiegen, indes die höchstkonzentrierte Droge in der Vergangenheit massenhaft hergestellt wurde. Fragt sich nur, für welchen speziellen Zweck? Weiterverkauf, Profit auf Kosten des lebendigen Atemzugs? Reich waren die Spanier gewesen. Kokain ist verboten, weil kein Medikamentbeipackzettel mitgegeben. Von den Hochländer hieß es, Tiefländer sollen nichts von der Heilkraft erfahren. Sie wirkt bei ihnen nicht. Frische Coca ist ein Heilmittel, das sich mindestens 5000 Jahre lang bestens bewährt hatte. Ein Moment des Mißbrauchs in der Geschichte unter seinem Namen sollte nicht hinwegtäuschen, dass das einseitig extrahierte (pure) Kokain nicht heilen kann. Viele medikamentöse Grundsubstanzen fehlen. Das größte Problem ist die fehlende, echte Demokratie der Anrainerstaaten, d.h. im alltäglichen Bewußtsein der Neuspanier. Hochprozentige Medikamente mit einem einzigen Wirkstoff verstärken sich in Nebenwirkungen. Der Nachweis liegt in den klinischen Studien. Resistenzen heben den Wirkstoff auf. Daher die bevorzugte Operation als Allheilmittel. Viele Patienten haben keine Ahnung, wieso sie aufgeschnitten und zusammengenäht wurden. Hippokrates, der Oberlehrer der europäischen Ärzte, würde mehrere Substanzen für seine Verordnungen verwenden. Er glaubte an viele Götter, also an das vielseitige Heilen. Frische Blätter und Beeren der Coca-Pflanze liefern u.a. Vitamine, verbessert die vitale Sauerstoffaufnahme und beflügelt den gesamten menschlichen Organismus. Das traditionelle Kauen der Coca-Blätter enfaltet seine mannigfaltig sammelnde Hyperbioeffienz und wir können auf hohen Lagen mit dünnem Sauerstoffgehalt leben. Mit Gold nicht. Das Kauen ist nicht jedermanns Sache. Hanf wurde in Europa angebaut. Mittlerweile ist er für den Privatgebrauch wieder zugelassen. Nicht schlau, wertlose, tödliche Drogen für eine Unsumme von Geld zu verkaufen. Fazit: Wenn in der Bibel vom Baum der Erkenntnis die Rede ist, so wuchsen im Garten Eden vielerlei (Heil-) Pflanzen. Das ist das natürlichste. Nicht jeder will Gott verleugnen, vornehmlich Christen, Juden, Moslems. Der japanische Kaiser, Moctezuma und viele andere Herrscher glaubten an ihren Status als Abkömmling der Sonne. Wir alle bestreiten an Glauben an Gott nicht (außer ungläubige Fanatiker). Wir sind <u>Gotteskinder</u>.

Goldminen sind ein konlonialer Überbleibsel. Viele meinten, ihre unterirdische Ader reichen bis in die Zukunft aus. Saudi-Araber könnten konstant Erdöl liefern. Das Gegenteil ist bewiesen. Die Zeit der Neuorintierung ist gekommen. Was liegt nahe, sich um den Anbau von frischen und haltbaren Nahrungsmittel zu beschäftigen. Die Vorfahren hatten sich von Meeresfrüchten ernährt. Sie lebten in Familien, arbeiteten auf Feldern, achteten sich gegenseitig, verehrten die Götter und zeigten sich dankbar für alle Früchte der Natur. Es ging nicht darum, über andere zu herrschen, sondern den Wissenshorizont zu erweitern, die wertvollen Tugenden zu beherzigen, auszubauen und weiterzugeben. Sie haben alles nachhelfend wachsen lassen. Das brauchte ehrliche Pflege. Wer einmal eine Tomatenpflanze gezüchtet hat, weiß wie lange man warten muß, bis sie Früchte trägt. Für den Gartenfreund ist eine unansehnliche, eigene Frucht das Nonplusultra.

5. Im Süßwasser liegt die Macht, die Zukunft, das Reichtum, den Fortbestand eines Volkes. Ohne das elementare Gut könnten die höchst entwickelte Fauna (uns inbegriffen) und Flora aussterben. Das Weihwasser spielte eine bedeutende Rolle.

WEIHWASSER = HEILWASSER = TRINKWASSER

Unter Todesangst könnten innige selbstbezogene sich zu Kanibalen ausarten. In der extrem rauhen Polarwildnis starben die unvorsichtigen Eskimos, ob gut oder schlecht. Sie wollten den Weg zu neuen Ufern suchen und die bekannten Gefahren hinter sich lassen. Haben sich die rohe Charaktere in der Wildnis durchgesetzt, hatten die Schwachen unter ihnen schwere Zeiten. Der wilde Jäger kennt kein Pardon. Die Wertvollen retteten.

Höhlenzeichungen in Europa belegen die Angst der Urkelten vor jagenden Tieren, die in ihnen ständig die Alarmbereitschaft weckte. Altgriechen galten als Hüter ihres Glaubens. Andererseits drangen einige hinterlistig in Troja ein und hinterließen Spuren des Untergangs. Urmenschen waren grundlegende Individuen. Eine gesteuerte Katastrophe oder Epidemie in den Urzivilisationen könnte sich verheerend ausgewirkt haben. Die Gläubigen überstanden die unendlichen Gefahrenwellen. Sie pflegten ihre Urlandwirtschaft. Realistisch ist eine Anreihung der Welten mit den Humanrassen nacheinander gegeben. Zum ersten wußten wir nichts voneinander. Zum Zweiten waren die Urreligionshüter zur Erkenntnis angelangt, dass unsere Welt nachfolgen wird. Zum dritten kann die sichere Nachwelt nichts von uns wissen. Zum vierten könnte sie unsere Existenz logisch begründen. Welche Auswahl wir

auch treffen mögen, wir haben den Glauben unserer Vorfahren geerbt. Wir werden die unerschütterlichen Überzeugungen bewahren, d.h. weitergeben.

Bild Wasserfall: *Der Schnee zog sich zurück, mit ihm das große Sturzbach.*

Nach dieser Tradition ist die Reinheit und Genießbarkeit des Süßwassers von elementarer Bedeutung, für die Religion und erst recht für die Laien. Es wird sehr schwer zu finden sein. Wir sollten effektive Methoden zur Gewinnung des Trinkwassers generieren. Die Ozeane liefern den Rohstoff.

6. Zu neuen Ufern Nordamerikas begaben sich die Indianer in der Frühzeit. Garuda kündigte die Zeit des bewahrenden Hochgottes. Riesenschlangen sowie die Unterarten koexistierten. Uradler flogen über weite Gebiete jenseits der Stämme. Dies ermutigten die alten Urpioniere, ihr Glück auf seine Jagdflächen zu suchen. Mit Sicherheit begegneten sie Riesenmenschen, mit

denen sie sich nicht immer friedlich zusammentrafen. Wir verstehen unseren großen Nachbar auch nicht immer. Anders herum dürfte er Gefahr in einer Gruppe von kleinen Fremden gesehen haben, die sich ganz und gar anders verhielten. Eine Gemeinschaft der Übergroßen verbrauchte jede Menge an Wild. Ihr Revier erstreckte sich weit. Es beschränkte sich nicht auf kleine Insel. Vorteile im kleinen Körperbau sind die leichtere Meeresüberquerung und der kleinere Nahrungsvorrat zur Mitnahme. Im Reich Mesopotamiens verehrte man die Adlergöttin. In Altägypten bewachten geflügelte Gottheiten die heilige Schrift, also die aufgeschriebenen Worte der Götter (Hieroglyphen). Römische Legionen führten den Adler als Garant für den Sieg stets mit. Diese Tradition stammte vermutlich von Kleopatra selbst, die die Legitimation erteilte, denn die gemeinsame Armeeaufstellung Cäsars sollte die kombinierte, siegreich Macht demonstrieren. Mit der schönen Pharaonin hatte ein Teil der Römer Identifikationsschwierigkeiten. Die führende Legionen verselbständigten sich. So weit das Auge reicht, tümmeln sich alle Spezien im irdischen Paradies. Wir dürfen nichts in der Natur zerstören, denn die

Schädigung wird uns betreffen. Das wird sein, wenn wir keine wilde Nahrung mehr vorfinden. Der Getreideanbau wird in einer Zeit knapper Resourcen sehr beeinträchtigt sein. Insekten und vermeintliche Schädlinge wollen ihr Leben leben. Meeresfarmen erzielen Zuchtergebnisse. Sie sind sehr begrenzt und reichen bei weitem nicht aus. Außerdem müssten wir unser Konsum längerfristig auf Pflanzenkost und einige wenige Fischarten beschränken. Zuchttierfleisch ist noch nicht teuer. Wir machen uns selbst mehr <u>Arbeit</u>.

In der Bibel hat Gott viele Namen. Das Wort Gott leitet sich laut dem englischen Wörterbuch vom germanischen Gudan ab. Gudan klingt ähnlich wie Odin mit Donner, der Donnergott. In der Dämmerung der langen Vergangenheit von Tausenden von Jahren kündigten sich die Donnergeräusche der weit entfernten Wolken zuerst an. Die Kelten hörten sie permanent am Horizont, wo Thor residierte. Thor ist zwar der Donnergott der Wikinger, doch hat er seinen himmlischen Hammer, mit dem der Schmid mit lauten Schlägen die glutheißen Metalle bearbeitete. Hungrige Machthaber hatten leider manche Erklärungen für alte, heidnische Begriffe absichtlich unters Bauervolk vermischt, die da nicht so korrekt lauten sollten. Sie wollen den Sinn dahinter verbergen. Übersetzungen ins Deutsche waren nicht eindeutig ausgelegt. Heiden waren ja keine Literaten. Spekulationen wetteiferten sich gegenseitig. Griechische Gelehrten bildeten die Intellektuellen im Abendland. Ihr Götterbild wurde schrittweise zerstört. Monetär zahlen wir nun mit dem €. Mit dem $ zu kaufen kann nicht falsch sein, wird jedoch nicht mehr gern gepflegt. Europäische Staaten organisieren sich zentralistischer denn je. Fremdlinge wollen gewöhnlich eine leichte Sprache lernen, nicht wirklich jene, die zu sehr mit dem schweren, ungebräuchlichen Latein verstrickt sind. Unsere gegenseitige Verständigung litt darunter.

7. Altindische Tempelanlagen hatten ihren Zweck in der Verehrung vieler Naturgötter. Nun gibt es in erster Linie den Schutzbegleiter Garuda des trinären Gottes Vishnu. Auf Sri Lanka traten vor dem Buddhismus und dem Lamaisums der heilige Komplex Sigiriya sowie Polonnawura hervor. Im ersterwähnten hatte der hinduistische Adler sowie die heiligen Schlangen ihre

Anhängerschaft. Der heilige Löwe gesellte sich hinzu. Mit dem Wegfliegen des Adlers auf der Suche nach Schlangen geriet er allmählich in den Hintergrund. Schlangenvertreter behaupteten sich. Sein Bildnis stand unter der Zerstörungswut. Seine 2 Klauen mit 3 spitzen Vorderkrallen sind als Relikt erhalten geblieben. Löwen haben hingegen 4 Vorderzehen. Die Trockenheit kam ebenso bis zu den Tempelanlagen und löste die Flucht aus. Löwen verließen zuletzt die Gegenden. Sie blieben in Erinnerung der Urbewohner, die ihren Mythos verbreiteten. Sigiriya, letzter Komplex seiner Art, sollte an das Raubtier erinnern. Die Höhe der Anlage in 600 Meter ist nicht nur schwer zu erreichen. Schwerer Transport von Waren sicherte den periodisch langen Ausbau der großen Festungen. Der Ort musste in einer noch früheren Zeit bestanden haben, wo Schnee sich zwischen den zahlreichen Landschaftsgipfeln lagerte. Schlangen hatten ihren Sitz auf den natürlichen Sonnenbänken im trockenen. Reich an Schmelzwasser, nachtaktive Beutetiere liefen zu Hauf. Die Brut der Schlangen zogen die Adler an. Ursiedler fanden die neue Heimat auf ihrer Wanderschaft. Neue Wellen von Urgemeinschaften siedelten sich hier an. Asketen, hohe

                    Warum existiert alles natürliche?

Priester meditierten von der hohen Felsgipfel aus, studierten das himmlische Wunderphänomen. Ihr Heiligtum wurde fortwährend ausgebaut. Darauf wurde den ganzen Tag lang gebetet, Schlafpausen eingelegt. Nicht von ungefähr kamen Pilger von nah und fern. Sie bezeugten den höchsten Respekt für den Heiligen von ausgezeichnetem Ruf. Schöne, weibliche <u>Geistlichen</u> sorgten gleichberechtigt für das 100 prozentige Vertrauen in die Priesterschaft. Das gängige Bild von badenden Schönheiten ist hier völlig fehl am Platz. Die Becken waren Taufbecken. Mit dem Weihwasser konnte der Pilger sich spirituell reinigen. Unter tropischen Temperaturen waren Kleidervorschriften nicht üblich. Vorstellbar ist, Mönche und Nonnen saßen getrennt voneinander.

Mitglieder legten wohl die ersten Felder in den höheren Ebenen. Polonnawura war ein Gebiet davon, wo die Sonne eine wichtige Rolle spielte. Runde Festungsanlagen entstanden aus ihrer Verehrung. Mondscheiben pflasterten die heiligen Orte. Allerdings hat der Trabant keine Ringe als Ausdruck der Strahlenkraft. Insofern sind sie <u>Sonnenscheiben</u>. Die uralten Baumeister, Stifter wurden natürlich verewigt. Kenntnisse darüber sind nicht erhalten geblieben. Sie hatten eine dankbare Bedeutung. Die frühere Gesellschaften mussten sehr zahlreich gewesen sein, wollen wir die Größe eines Komplexes plausibel erklären. Solche wurden nach und nach verlassen oder die Hochkultur ging viel mehr langsam unter. Das bedeutet, eine große Stadt schrumpfte zur winzigen Bedeutungslosigkeit. Das behütete Kulturvolk teilte sich auf. Aus der Identität heraus pflegte der Hinduismus und Buddhismus seine verwurzelte Heiligtümer. Rituale, Rezitationen u. dgl. vervollkommen die Spiritualität der praktizierenden Ideale. Auf dem Gebetsaltar zeigte der kleine Prinz Siddartha symbolisch auf den Himmel.

Aus der Seitenperspektive wirkte das kraftvolle Urmeer auf die Landbrücken zwischen den Inseln. Altindien erstreckte sich einst über seine Masse hinaus nahe zu den Malediven, Andamanen, Java u.ä. Das Schicksal Sri Lankas war einheitlich mit dem Festland verbunden.

Der Planet Jupiter gewährte aktuell die Sicht auf seine gewaltigeren Urkräfte (als auf der Erde). Auf seiner

                Warum existiert alles natürliche?

mehrfach größeren Oberfläche sind keine Insel auf der hellen Seite zu sehen. Eine feinere Auflösung könnte bei ruhigeren Jupiterzeiten Einzelheiten erkennen lassen.

8. In Anlehnung an die optische Täuschung auf Satellitenbildern behinderten Naturgewalten die Sicht auf einen Planet. Der Jupiter erschien in der Vergangenheit subjektiv voluminöser. Die irdische Atmosphäre war in Phasen langanhaltender Zyklonenaufwirbelungen einseitig extrem voluminös. Sonnenstrahlen gelangten auf eine Erdhälfte. UV-, Gamma- und ähnliche Strahlen drangen durch die Urturbulenzen hindurch. Die <u>intelligenten</u> Urmenschen hatten zu Beginn dieser Welt gute Kenntnisse über die kosmischen Vorgänge, da sie die Beobachtungen in Südamerika sehr umfassend geschildert haben. Unspetakulär, sie waren eins mit der Natur. Bei derartig vielen Tatsachen beschränkte sich der Lebensraum hauptsächlich auf den grünen Flächen des Wildes. Kleine Felder fielen in der Umgebung kaum auf. Nutzpflanzen waren begrenzt vorhanden. Kein Zufall, wenn die Küstenpflanzen Teil der Nahrung bildeten. Die Angaben in den heiligen Texten sind viel zu genau, um

von Urindianer aufgeschrieben zu können. Affen sehen zwar alles. Sie zeichnen von sich selbst aus keine Bilder. Sie wissen was rote Äpfel sind, was grüne, was 1 ist, was 2 sind, was 3, das Ergebnis von 1+0, nicht aber von 1+1. Ihnen fehlt das logische Kombinieren. 1+1 ist auf jeden Fall mehr als 1, was bei 1+0 nicht sein kann. Mehr als 1 Apfel macht satter. Der Bauch entscheidet, nicht das unmögliche Zählen. Lebt ein Zivilist lang genug einzeln unter den Tieren, so verfährt sein auf sich gestellter Nachkomme nach dem gleichen Prinzip. Wichtig ist nur die Sättigung.

Das Verdrängen von Konkurrenten folgt dem Instinkt. In dieser Hinsicht wurde der Mensch als überlebensfähiger Einzelkämpfer geboren. Ein Kind löste sich nach einer kurzen Bindung von der Mutter und umgekehrt. Zusammen wird er gefährlich für sein Clan. Manche Weibchen fressen instinktiv den Begatter nach der zärtlichen Bindung auf. Das Tier ist nicht fähig, an morgen zu denken, nur an sein Überleben. Kein Tier kann Bilder bestaunen und zeichnen. Das gemeinschaftliche Leben mussten durch Tugende geregelt sein. Da wir in einer Masse aufhalten, ist jeder

   Warum existiert alles natürliche?

bedacht, mitzulaufen. Wenn wir wie Löwen vorgehen, haben wir bald unsere nährende Umgebung vertilgt. Wir sterben zuletzt als Einzelgänger. Es gilt also, unsere Umwelt zu erhalten, zu gestalten, von ihnen zu profitieren und uns von den urtypischen <u>Nutzpflanzen</u> zu ernähren. Schauen wir nur den Affen an. Er frißt Pflanzen und Früchte. Ohne sie gäbe es ihn nicht, gäbe es uns nicht.

9. Genau können wir nicht verallgemeinern. Nicht wenige Tiere leben in Gruppen. Ihre Natur ist, Schutz unter ihres gleichen zu finden, unsichtbar in der Masse des vielen selbst unterzutauchen. Tierkolonien sollten eigentlich in allen Erdteilen zu finden sein. Bis reichen die langlebige Ernährungkapazitäten aus. Städter wollen indes in einem Megazentrum leben, weniger in einer Ortschaft. Mega groß kann nicht groß genug sein. Das Motiv weicht eindeutig von dem ländlichen ab. Eine Hauptstadt ist allemal schützenswert. Sie zu verteidigen garantiert den Fortbestand einer Nation. Ein kleines Land hat immer Angst, von einem großen überrannt zu werden. Das kleine wie das große will stets größer werden. Wie ist es, wenn die Gesellschaft sich

unabhängig von Nationen ausdehnt? Die Europäische Union erhoffte sich den besseren Erhalt ihrer Traditionen. Ist eine paneuropäische nicht erfolgsverspechender? Diskussionen hin oder her. Manche Mitglieder sehen den Untergang ihrer Kultur in einem größeren Staatenverbund voraus. Das trifft gewiss nicht zu. Allgemein ist bekannt, dass die <u>regenerative Ressourcen</u> gegenwärtig langsam zur Neige gehen. Dadurch wird die Weltgemeinschaft wieder schrumpfen müssen. Entweder in individueller Körpergröße oder in ihrer Dichte.

Fakt bleibt, ärmere Länder liefern einen wesentlichen Beitrag zur Erhaltung der globalen Städte. Sie wollen zurecht nicht Außenseiter spielen. Im Club der Reichen beachtet man weniger das Zusammenspiel der Gegensätze. In wärmeren Zeiten könnten die Karten neu gemischt sein. Wer Außenseiter sein wird, ist noch offen. Tatsächlich führt das Verdrängungswettbewerb mehr zur schnellen Zerstörung unserer paradiesischen Umwelt. Sie sollte nachhaltig geschützt werden. Die Ernährung für breite Schichten in der Weltbevölkerung sollte über die Interessen von Edelmetallen gestellt werden, Süßwasser inbegriffen. Hierzu ein Beispiel. Deutsche Männer lieben an erster Stelle ihre Frauen. Schöne Ausländerinnen stehen oben in der Wunschliste. Danach mögen sie ihre Kinder sehr. Andere folgten in der Gunst. Flüchtlinge belasten die Staatskasse. Sie sind nicht gern gesehen. Deutsche Frauen verfahren nicht wesentlich differenzierter. In der Bibel steht: Mehret euch. Das ist auf jeden Fall erstrebenswert für den leidgeprüften Einzelgänger. Der Eigenvorteil bestimmt die Prioritätenliste. Eigeninteresse prägt das Weitere. Gott erwähnte doch das ebenbürtige, irdische Paradies. Wir sind ein Teilchen davon. Naturreligionen behaupteten, wir sind nichts im Vergleich zu den Göttern. Die Buddhistische Philosophie beschwört die sinnlich täuschend echte Empfindungen des Einzelnen. Dahinter verbergen sich die subjektive Gefühle. Künstler, Sänger (-innen) versuchen seit eh und je, ihre Eindrücke zu vermitteln.

10. Der Mensch lebt nunmal auf der Erde. Planetarische Besiedelungen kann nicht gelingen, wenn wir kleinen irdischen Kreislauf mitführen und darauf gedeihen lassen. Unser Skelett reicht für den Aufenthalt in

manchen Fällen aus. Es dauert ewig lang, bis eine <u>Sauerstoffatmosphäre</u> sich gebildet haben wird. Es sieht danach aus, dass sie sich jederzeit verflüchtigen kann. Zwischenzeitlich müssten gute Bedingungen vorhanden sein. Unser Wissen ist begrenzt. Noah bewegte sich auf der Erde. Wir müssen viel mehr bewältigen. Die Welt vor uns hatte die elementare Erkenntnisse beherzigt. Hatten Ureliten Planeten besiedelt? Von der Erde aus trauerten sie die hellsten Sterne nach? Die planetarische Menschheiten entwickelten sich denn parallel zueinander. Süßwasser könnte ihr Urproblem gewesen sein. In einem geschlossenen, feuchten Kreislauf hielten sich die Urlebewesen (Pflanzen, Krankheitserreger) auf. Unsichtbar in unserem Körper überleben unsagbar viele Mikroorganismen. Wir können sie nicht vernichten. Dadurch würden wir uns selbst auslöschen. Nach unserem Tod leben sie, d.h. die wir von uns abstreifen wollen, weiter. Abhängig davon, welche Bedingungen vorherschten, vermehren sie sich. Bei optimalen Verhältnissen erscheinen Epidemien.

In kosmischer Dimension überdauerte das Leben auf den Planeten gleich lang. Das könnte heißen, außerirdische Lokalitäten waren längst verschwunden. Vor vielen Welten müsste die ultraalte Wissenschaft außerordentliche Erfolge erzielt haben. Danach blühte sie nur noch schwach auf. Das sprengt unsere Vorstellungskraft. Es gibt vorallem keinen einzigen Beweis für die Hypothese. Uns bleibt nichts anderes übrig als Hinweise in den heiligen Texten zu suchen. Erstens finden wir die <u>Astronomie</u>, Mathematik. Angenommen die Sonnenkraft war vor langer, kosmischer Zeit stärker. In dieser Konstellation könnte der Mars die blaue Heimat einer Menschheit gewesen sein. Unsere Erde war noch ein leerer Planet, ähnlich dem Venus. Unabhängig davon könnte fremdes, außerirdisches Leben aus seiner Evolution heraus entwickelt haben, ohne dass wir davon wissen. Wir existierten noch nicht und die heiligen Texte stammten nicht von ihnen. Irgendwann im Kontinuum verpuffte die schöne Marswelt.

In jetziger Konstellation hatte die Erde genügend Atmosphäre plus H_2O angesammelt. In der Weite der Zeitskala könnte der Venus seine eigene Luft plus Flüssigmeere auf seiner Oberfläche verdichtet haben. Die beschriebene kosmische Phänomene sind so verblüffend wie die Sonne, die alles Leben für einen winzigen Augenblick der besonderen Art erschuf, nämlich Sie und ich. Buddhisten streben nach dem Nirwana. Es scheint gleichzeitig das Nichts zu sein. Neuwissenschaftlich betrachtet, ist Nichts nicht unbedingt der luftleere Raum. Er ist mit den elementaren, unregistrierten Teilchen infiltriert. Gleichsam Schmutz in einem Teich verhindert die Trübung die Sicht. Nach dem Absetzen sieht die Flüssigkeit klar und sauber aus. Reinheit und Vermischung gehen Hand in Hand über. Nirgendwo steht großzügig geschrieben, dass wir im Nichts verweilen. Aus ihm wird das Neue entstehen.

11. Auf unserer guten Erde zerstreuten sich die Gemeinschaften. Die Natur, hier reife Früchte (Ernte), diktierte das Leben in Hülle und Fülle, oder in der Isolation. Beides hatte ihren Bestand. Die <u>schöpferische</u>

Fleißgabe macht uns aus. Nach der Pest merkten die Überlebenden, wie gleich sie sind. Sie waren die Glücklichen, hier die körperlich viel aushalten konnten. Was das Leben im Dauerlicht und in der Dauerdunkelheit anbelangt, hatten die Haarfarben der echten Kelten sich an die Tundra angepasst, die der echten Hellblonden an die Schneelandschaft, die der Südbewohner an die Dunkelheit. In geografischen Lagen sind wir der Ansicht, das Gegenteil müsste der Fall sein. Finsterliche Frostkälte bestimmte die nördliche Hälfte. Unsere gemäßigte Erdphase gaben uns Anlass, den Aufenthaltsort auszuwählen. Völkerwanderungen vermischten den Zusammenhang.

Eintreffende Farben im Auge werden durch die Farbzäpfchen hinter den Pupillen umgewandelt und in das Gehirn weitergeleitet. Ab einem gewissen Helligkeitsgrad können unsere Sehorgane optimal funktionieren. In der Dämmerung sehen alle Katzen unterschiedlich grau aus. Dieser Effekt machten sich die Urkelten zunutze. Sie fielen auf dem aufgetauten Umgebung kaum auf (kurze Tage). Helle Rassen tarnten sich in einer Schneelandschaft (evtl. kurze Nächte).

Unsere Augen spezialisierten sich auf bewegte Objekte. Sie haben Defizite im Erkennen von starren, ähnlich farbigen Bildteilen. Das Gehirn übernimmt die weitere Arbeit ab. Wir können dann die Details inspizieren. Das bedürfte die Helligkeit.

Nach Tausenden von Jahren erhebte sich die vorüberziehende Sonne über dem Hozizont in der nördlichen Halbkugel. Die Dämmerung wirkte in der weißen Landschaft heller. Mit den Sonnenstrahlen eines kurzen Tages wurden die Lebewesen sichtbar. Hilflos, wenn die eigene Tarnung aufflog. Raubtiere von nah und weit erkannten sofort ihre Vorteile. Die einen wanderten nördlich in die Dunkelheit, die verbliebenen wurden selektiert. Freßfeinde bestimmten unser Aussehen. Manche Meeresschwärme senden eine pulvsierende Helligkeit in der Gesamtheit und entmutigen ihre Jäger in der Distanz. Mit dem schwachen Tageslicht änderte sich die Intensität unserer Haarefarben. Zusammen mit der Hautfarbe können wir die Wanderung der Völker entschlüsseln. Die typische Urkelten siedelten sich entlang der Küste Nordafrikas. Weshalb? In der Eiszeit bedeckte der Schnee Berge und

                    Warum existiert alles natürliche?

Täler. Riesengletscher ermöglichte die Wanderung auf der Eisfläche. Das Mittelmeer könnte zugefroren sein, ebenso zeitweilig die Nordozeane. Meeresreichtum zogen Globetrotter à la Eskimo-Art magisch an. Im Laufe der Zeit wurden auch sie heller. Die weiße Fauna hatte jedoch volle Vorteile auf ihrer Seite. Man konnte aus zwei Gründen bis nach Hawaii gelangen:

Grund 1:   Der Meeresspiegel war am niedrigsten. Der Schnee lagerte sich überdimensional hoch auf den meisten Nordlandmassen. Er schmolz vereinzelt und zeitweise (Permafrost).

Grund 2:   Viele Insel ragten aus den ozeanischen Wellen. Viele Landbrücken ebneten den Weg bis zu den entferntesten Inseln im Pazifik, im Atlantik und im Indik.

Kontinente breiteten auf der Oberfläche aus. Sie lagen flacher und näher beieinander. Schauen wir uns die gewaltigen Höhenunterschiede auf der Erdkruste an, bildeten die Tiefseegräben schon immer Teile der Ursuppe-Becken. Uraustralien und die südostasiatische Urinselregion gehörten zu Urasien. Über Landbrücken erstreckte sich das Gesamtkontinent bis zur Urplateau bei Fidschi. Die Besiedelung von kleinen, weit entfernten Inseln (Polynesien, Mikronesien) erfolgte in einer Periode vor dem Beginn unserer Welt. Wir müssen nur die Haarfarbe der Polynesier betrachten. Die ist eindeutig schwarz, d.h. dunkel.

Streifen wir nun zu den Pinguinen. Was wir über sie wissen: Sie sind Vögel, legen Eier, können nicht mehr fliegen, bevölkern den südlichen Erdball. Fliegen ist gewiss eine Kunst. Nicht fliegen zu können heißt: Die Meerestiere lagen ihnen zu Füßen. Tauben picken sehr gerne die Körner und ernähren sich nicht von Fischen. Ihr Wohnraum liegt jetzt woanders. Ihr Instinkt und ihre Flügel legen ihre Ernährungsweise fest. Als die Pinguine flogen konnten, mussten sie nicht weit weg, ihre Nahrung lag im Meer. Urstürme und Urwellen nahmen zu. Bei diesen Gewalten konnten ihre zarte Flügel brechen. Sie jagten weiter nach Meerestiere. Hitzige Landesluft erschwerte den Aufenthalt auf dem sandigen Boden. Über eine Dauer bekamen sie ihr typisches Aussehen.

                    Warum existiert alles natürliche?

Bild Ameise:

Ernährt sich vegetarisch, vom begrenzt nachhaltigen Fleisch. Läuft gut auf heißen Flächen.

So ähnlich erging es den Walrossen auf dem nördlichen Erdball. In der Kälte des Permafrostes überlebten sie an den Ufern. Im Wasser fanden sie mehr Nahrung. Das wenige Grün deckte den Tagesbedarf nicht. Über eine Dauer wurde aus Ihnen Meeressäuger.

Zu Beginn der Welt war der Ursüdpol extrem heiß=grell, der Urnordpol extrem frostig=finster. In der Mitte der vorigen Welt war die Ur-Ursonne am Ur-Uräquator. Das entsprach unsere Welt. Vor zwei Welten verweilte die Ur-Ur-Ursonne am Ur-Ur-Urnordpol. Der war extrem heiß=grell, der Ur-Ur-Ursüdpol war extrem frostig=finster. Die südlichen Erdbewohner zogen ähnlich den Eskimos in der Dunkelheit umher. In jener uns unbekannten Welt bekamen sie die intensiv dunklen Haare. Was war mit den intensiv weißen Rassen passiert? Diese besiedelten die südlichsten Erdregionen, Beispiel Ur-Ur-Südaustralien, wo sie gesichtet wurden, Ur-Ur-Feuerland, wohin die spanischen Eroberer von

Einheimischen dieser Welt geleitet wurden. Pioniere müssten im geheimen die Möglichkeit einer vielfach erzählten, vergessenen, weißen Rasse in Erwägung gezogen haben. Wir erfuhren lediglich von den damals zahlreichen Geheimoperationen der kolonialen Schiffe. Sogar Piraten wurden in die Pläne eingebunden. Abendländische Nachfahren brachen machtpolitisch auf zu neuen Weideflächen in Südamerika und dann in der ganzen Welt. Englische Siedler fuhren aus einem erwachten Selbstbewußtsein nach Übersee (Australien). Spärliche Hinweise mussten auf die ostindischen Überseegebiete geführt haben. Drei Europäische Mächte, nämlich England, Portugal sowie Holland erreichten die paradiesischen Inseln. Bleibt zu erwähnen: Schwarze Tätowierungen der Altinsulaner hatten ehrhaften Symbolcharakter. Schwarz galt als die schöne Farbe im gefundenen Paradies.

Nach der Pest erstarkte der Glaube auf neue Weise. Die Kirche sollte die Vertreter Hispaniens leiten. Falsch lagen die Kapitäne nicht. Sie hatten die besten Schiffe jener Epoche. Sie erspürten eine gute Vorahnung, das Spirituelle schlechthin. Fremde Religionen ließen sie

                    Warum existiert alles natürliche?

außer Acht. Eifrig erfüllten Soldaten ihre Vorgaben. Jesuiten waren wohl die jenigen, welche sich reinen Herzens um die Botschaft Gottes und den einfachen Menschen kümmerte. Es drängt einem zu behaupten, Jesus Christus glaubte an Gott, der Rest des Abendlandes zeigte Lippenbekenntnisse. Mit einem schwachen Glauben können wir niemand bekehren. Der Bekehrte würde zu viele Fragen stellen, die nicht zu beantworten sind.

Allmählich ist festzustellen, dass die Südbewohner einst von Norden nach Süden gezogen waren. Eine sehr gute Frage lautet: Wie kamen die weiße Urfauna und -flora von Süden in unseren Norden? Wie die rothaarigen Ur-Tundra-Arten? Spielte die Evolution mit, könnten sich die prächtigen Exemplare in begrenzter Anzahl überleben. Pflanze, Tier und Mensch sind wahre Überlebenskünstler. Archäologische Funde bestätigen die dunkelbraune Haarfarbe der Präinka-Bestatteten. Die Urbevölkerung Australiens hat dunkle Haarfarben, die vielleicht erblich aufgehellt wurden. Mit einer Intelligenz wie unsere hätten die weiße Erdlinge sich aufgeteilt. <u>Tektonische Plattenbewegungen</u> warfen

Bergketten auf. Ihre Dynamik erlaubte die Entstehung von flacheren Landflächen im Polarumkreis wie in Kanada, Russland, der Mongolei. Alaska, Nordeuropa, sowie Nordchina wurden zusammengepreßt. Kontinente verschoben sich auf- und abwärts in vielen Welten.

12. Heutzutage können, müssen wir uns nicht mehr verstecken. Egal ob helles, rotes oder dunkles Haar, wir leben im Tag-Nacht-Rythmus. Worin liegt nun die Tarnung der Fauna und Flora? Im abwechselnd Hellen und Dunklen fallen sowohl die nachtaktiven als auch die tagaktiven auf. Seeanemonen sind bunt im schönen Meer. Clownfische machen sich unsichtbar in der Farbenpracht. Um nicht sofort entdeckt zu werden, reichen offensichtlich ein weißer Streifen auf der Haut. Durch <u>optische Täuschung</u> sehen sie täuschend echt wie die Anemonen im Gezeitenwasser aus. Die nasse Sicht ist für unsere Augen schlechter als in der Luft. Das schimmernde läßt sich mit dem weißen Muster der Seetiere gut ersetzen. Moränen strecken ihre dunkle Köpfe aus dem dunklen Gang. Pinguine haben für die Tiefseebewohner einen weißen Unterbauch als Teil der

hellen Oberfläche. Von oben in der Luft aus erscheinen sie dabei dunkel wie das dunkle Ozeanwasser.

Bild Felszeichnungen: In Venezuela sind sie schöner.
Zeichner pflegten die Ur-Tradition.

Besonders konservativ eingestellte Menschen zeigen ein ureigenes, bewährtes Merkmal. Sie wollen nicht auffallen, bleiben lieber unter ihresgleichen, bei allem, was sie tun. Die Angeprangerten werden sozial geächtet. Sie entsprechen der strengen Ansicht nach nicht dem Norm. Tatsächlich werden die meisten unter den Augen der Mitmenschen geformt. Die sogenannte traditionelle Verhaltensregel stammen aus einer Zeit, als Abweichler in der Natur mit dem Tod bezahlen mussten. Nichtsdestotrotz sind wir die einzige, denkende Wesen auf den obersten Stufen der biologischen Entwicklung, die geistige Höchstleistungen vollbringen können, wenn wir es zulassen. Kreativ sein ist alles. Unglücklicherweise sind wir inhomogen <u>hochintelligent</u>. Erfindungen sind einmal sehr gut, ein anderes Mal befriedigend, ohne Bemerkung gültig, nach einer Abfolge extrem futuristisch. Abgesehen von ihrer Verwendbarkeit halten die besten Produkte eine Zeitlang. Mit ihnen können wir gut leben. Die schöne Natur lädt uns dazu auch ein. Das gelang bisher bestens. Inmitten des Reichtums verschwinden Fische und Meeresfrüchte in stark belasteten Gewässern. Für Verwöhnte unter uns kein Problem. Wir importieren die fehlenden Frischwaren, mittlererweile aus allen Teilen der Welt. Wie lang wird der <u>Lebensstandard</u> zu erhalten sein? Das Vieh erkrankt zusehends in Folge von schädlichen Auswirkungen (Erde, Luft, Wasser). Wenn Krankheiten uns nicht bald heimsuchen, steuern wir uns tendenziell auf einen Krieg der Superlative zu. Ressourcen gehen zur Neige, aber regenerative haben die Fähigkeit, sich zu vermehren. Sie verhindern Kriege auf Grund von Nahrungsknappheit. Leidet die Intelligenz etwa von der ungesunden Umwelt? Es ist schwer, eine Masse aufzuklären. Sie beschäftigt sich lieber mit dem Luxus. Aus Verknügen und Gewinnsucht als das best erreichbare Leben per se vergaßen wir das jahrelang angeeignete, schulisch Gelernte. Wir ändern es zu unseren Gunsten, verwerfen vieles, was Philosophen und unsere kulturelle Lehrmeister mit Fleiß und Ausdauer angesammelt haben. Die besten Noten zu bekommen hat in keiner Weise mit der Intelligenz zu tun. Das sollten wir beherzigen. Dabei haben wir noch nicht das religiöse Wissen erwähnt. Es sollte uns positiv für eine gute Zukunft vorbereiten, uns die Weisheit aller Dinge nahebringen, aber keineswegs um den guten Glauben alter Kulturen zu beseitigen oder ihre Völker gegenseitig aufzuhetzen. Das bedeutet nichts zu wissen. Ohne altbewährte <u>Erben</u> der Menschheit – mögen sie noch so bedeutungslos sein – können sich keine neue entwickeln. Ohne Affen könnte die Evolution keine Menschen hervorbringen. Wir haben nach vielen Leidensphasen in der großen Hitze das Fell gegen das Schwitzen getauscht. Die Nacktheit sollte uns an den Anfängen in der Natur erinnern. Sie rettete Leben in der nachfolgenden Welt.

Versetzen wir uns in die Lage der Urprimaten inmitten einer überhitzten Umwelt der großen Warmzeit, würde aus ihnen Urzweibeiner heranwachsen. Sie könnten viel besser das Weite in einer baumlosen Landschaft suchen. Das Zurückkommen zu den Bäumen gestaltete sich problemlos. Auch Schlangen hatten in diesen Phasen die schnelle Fortbewegung auf der Urwüste gelernt. Unsere einfache Intelligenz folgte. Nach mehreren Welten dürfte sich die Hochintelligenz ausgereift haben. Damit hatten wir den Kosmos studiert. Ein Nachteil bei der Sache liegt in der dynamischen <u>Intelligenzvererbung</u>. Im biologischen Wachstum kann sich Defekte einschleichen. Eine Mehrzahl von Entwicklungsverlangsamung hat ihren Ursprung in einer stark belasteten Umwelt. Große Einengung veranlaßte das Zurückfahren im Genomprogramm. Konkret werden wir zum neutralen Tier in der Wildnis. Wir leben gleichberechtigt mit unseren Artverwandten zusammen und verstehen ihre Sprache. Jede Rasse ernährt sich auf seine ureigene Weise.

In den Höhlen von Lascaux, der französischen und der spanischen Vertreter tauchen Urtiere mit Muster auf. Die hellen Punkte auf dem Fell signalisieren den Schnee in der Umgebung, optimale Tarnung für den Bestand der Herde. Schnee und Tundra wechselte sich ab. Raubtiere der wärmenden Gegenden beweisen, Kälte und Wärme prägten das Fauna. Nachaktive Tiere waren unter ihnen. Eine Uraktivität spielte im Dunklen ab.

                    Warum existiert alles natürliche?

Fehlende Pflanzen könnte als schlechte Sicht interpretiert werden. Farbige Malereien wurden hingegen in einer helleren Epoche erstellt. Pflanzen wurden vereinzelt dargestellt. Die Dicke und Menge des Schnees sollte sich erheblich zunehmen. Diese Zeit entspricht die Zukunft von Hobart (Südaustralien) oder Comodoro Rivadavia (Südargentinien). Das könnte bei 15° Permafrostverschiebung in etwa 7.688 Jahren erstmals der Fall sein.

Angenommen die Wüste in Afrika mit ihrem Zentrum bei 25° Nord würde bis nach Südfrankreich von 45° Nord wandern. Der Unterschied würde 20 Grad betragen. Die trockene Realität könnte in etwa 10.250 Jahren Europa neu geformt haben, Frankfurt in etwa 12.813 Jahren, Cheyenne (USA) in etwa 8.200 Jahren.

13. Bei gegebener Auseinanderdriftung oder Verschiebung der Kontinenalplatten müsste die Ausweitung in etwas tieferen Meeresgräben und das Aufeinandertreffen in höheren Bergketten resultieren. Die Tatsache, dass wir in der Atacama-Wüste Salzebenen haben, das Totenmeer salzig ist, verdanken

wir der Erhebung des Bodens infolge von Druckkräften der Ozeane und der großen Winde über Jahrtausende hinweg. Je größer die Weltmeere sind, desto mehr Druck können sie ausüben, desto mehr langwirkende Winde verursachen die Wellen. Danach sieht es aus, dass angrenzende Arktiskontinente sich zunächst im Groben verdichten werden, d.h. der Boden sich etwas anhebt, geringmäßig kleiner wird, die benachbarten Meere sich minimal ausweiten.

MEHR WINDE = MEHR WELLEN = GRÖSSERE VERSCHIEBUNGSKRÄFTE

Warme Tropen befördern die feuchte Luft in der Höhe zu den kalten Polen. Die Arktis- sowie die Antarktisregionen nehmen die restlichen Wolken auf. Schnee fällt auf diese eiskalten Flächen und sammelt sich dort solange, bis die Wärme zu ihnen gelangt. Die meiste Feuchtigkeit fällt als starke Regen in den Tropen. Kalte Winde von den Polen ziehen am Boden entlang zu ihnen. Die trockene Luft entzieht auf ihrem Weg die Taunässe der Oberschicht. Bei Sonnenschein verdunstet der Boden zusätzlich. In der gemäßigten Zone schmilzt ohnehin genug Schnee. In der Wüste fehlt er. Seine Trockenheit ermöglichte die Dünen und den reinen Sand. In tropischen Regionen ist die Luft warm und feucht. Dieses vereinfachte Modell beschreibt den atmosphärischen Kreislauf. Je wärmer die verlagerten Tropen werden, desto eiskälter wird es am Gegenpol. Mehr Wärme in den USA erzeugt über Nacht mehr Winde im Atlantik. Am Tag legt der Orkan erneut los. Auf dem Festland herrscht mehr Bodenwärme als über dem Meer. Dort nimmt der Hurrikan wieder an Stärke ab. Vereinfacht könnte es lauten:

SONNENSCHEIN INTENSIV LANG & NACHT KURZ
    = STARKE WINDE

Aus dem Nordpol kommt der eiskalte, schwache Meereswind. Bis zu den USA und der Karibik kann sich seine Geschwindigkeit vervielfachen. Auf ruhiger See sammelt sich die feuchte Wärme. Viele kleine Winde können sich zu einem Taifun zusammenschließen, sobald sie sich überkreuzen.

Bild Death Valley USA: Wüsten werden sich ausweiten

Verschiebt sich die Wüste von Nordafrika nach Europa, wird sie zukünftig wärmer als die heutige Sahara sein. Auf der höheren Lage mißt der Erdumfang weniger an Länge. Die Sonne scheint über einer kürzeren Strecke gegenüber dem Äquator. Im Juni beträgt die beobachtete Tageslänge Norddeutschlands (52° Nord) 16 Stunden. In der langen Trockenperiode wird sie bis auf 20,8 Stunden ausgedehnt sein. Nachts wird die Temperatur ebenfalls wärmer als in Nordafrika von heute sein. Die Sonnenstrahlen gewinnen einfach an Dauerhaftigkeit. Fielen sie einst schräger auf die Oberfläche, erreichen sie im Juli 80 Grad fast senkrecht über unseren Köpfen. Der Winkel wird z.B. zwischen 90 und 60 Grad das ganze Jahr über betragen.

Mittelfristig schmilzt der Polarschnee noch nicht vollends. Starke Aufheizung am Boden gepaart mit eiskaltem Wind ergeben die trockene Wärme bei Sonnenschein und gelinde gesagt, sofortige Kälte im

          Warum existiert alles natürliche?

Schatten. Weder die hohe noch die niedrige Temperatur sind kostant haltbar. Im tieferen Festland, etwa bei Moskau, schwitzen die Landesbürger auch mal ungewöhnlich. So komisch es klingt, in England der Frühindustrie wußte man nicht, ob man ständig einen Regenschirm mitführen sollte, vorallem ob er standhalten kann. Kontinentaleuropäer werden des öfteren zum Zuge kommen dürfen, bevor ihr ganzer Sommer hell, klar und unvergesslich in Erinnerung bleiben werden. Das malerische Naturerlebnis im Süden Großbritaniens hat sich routinegemäß gegen das graue Wetter ausgetauscht.

Den Alten Amerikanern war die Sonne sehr heilig, den vorkeltischen Gemeinschaften und Afrikanischen Stämme gleichfalls. Einfache Tipis sind rund. Aus seinem spitz verlaufenden Dach entkommt der heiße Rauch. Sie wollen uns sagen, das Zentralgestirn strahlt Wärme aus. In ihnen manifestiert sich eine überaus fortschrittliche Naturreligion. Der Altägyptische Ra herrscht nach der Auferstehung der Pharaonen erneut. Er existiert in dieser und den nächsten Welten. Die Lagunenstadt Venedig glänzte wie eine Renaissance der prähistorischen Nilstädte sowie der asiatischen Fischerwohnstätte. Moscheen und Hindu-Tempel haben die Lichtstrahlen unter dem Himmelsgewölbe verewigt. Spanier bemerkten das Merkmal im Gebetsraum des Kalifen von Cordoba nicht. Es ist auch Teil einer Christlichen Kathedrale. Eben die Grabeskirche besaß einen Kuppel mit Innenansicht. Bunte Glasbilder in den Kirchen, Synagogen und Moscheen beziehen sich in erster Linie auf die Lebensfarbenpracht unter der Sonne, in zweiter auf das Heiligenbildnis. In der Dunkelheit sind alle Farben grau. Das täglich beliebte, orientalische, okzidentale, indische Brot kann nur gebacken werden, sobald die Getreideernte erfolgreich abgeschlossen sind. Die Kornhaltbarkeit erlaubte ihnen das Überleben in düsteren Zeiten. Unweit von den Feldern und den heiligen Orten musste es viel Wasser gegeben haben. Ihre imposante Ruinen stehen im Augenblick meist distanziert auf dem Trockenen. Es gibt Anhaltspunkte von großangelegten Zisternen, die vor dem Bau genauestens geplant waren, gut geschützt vor der Verdunstung. Naturwasserbecken vorher hatten direkt in der Nähe gelegen. Sie verschwanden. Auch die Atacama-Wüstenfläche wies sehr viel Ruinen auf. Sie

                    Warum existiert alles natürliche?

waren die längst vergessenen Zentren mit üppiger Vegetation gewesen. Ihre einzigartige Attraktivität für Besucher könnte ihr altes Leben neu erwecken. Probleme könnte die lokale Versorgung mit frischem Tafelwasser bereiten. Von ihrer Kostbarkeit wußten die Urafrikaner, die Altaraber mit ihren Paradiesgärten. In vegetarischem Altindien lag Wasser gleich neben dem Tempel in eigens dafür geschaffenen, schönen Becken, den Taufbecken. Der Davidstern auf den Synagogen kann nicht klein gewesen sein, schon gar nicht auf dem erhabenen, alten Fundament in Jesusalem. Er ist das Sinnbild der hebräischen Religion, das hell am Firmament stand.

Relevante Farben haben im Hinduismus eine völlig andere Bedeutung. Die bläuliche Hautteint vom Trinitätsgott Vishnu lässt sich mit dem blauen Himmel vereinbaren. Er wurde sehr selten von Wolken über der Wüste bedeckt. Abwechslung Fehlanzeige. Genau, das Rad wurde nicht neu erfunden. Das Original sehen wir jeden Tag am Horizont. Die Dunkelheit ist furchtbar. Pupillen reflektieren die schwache Helligkeit des Mondes. Bei einem nächtlichen Anblick lösen sie augenblicklich Angstgefühle aus. Im hellen oder weißen fühlen wir uns heimisch. Rein weiß symbolisierte die Leichtigkeit der Wolken, ebenso die unschuldige, weiße Rasse, die sich immer zu der Schneelandschaft zurückzog. Jede Rasse, ob Tier, Pflanzen oder Mensch, hat seine eigene, stellvertretene Gottheit. Keine Sonnen, keine Sicht. Im Schatten gefriert Wasser zu Eis. Wir bestehen homogen zu 2/3 aus Wasser. Längerfristig ist kein Leben im ewigen dunklen Eis möglich. Eskimos jagten Meerestiere. Die weiße Rassen der Erde benötigen etwas Licht für ihre Evolution. Sollen wir glauben, dass Ur-Urafrikaner tiefschwarze Haut hatten? Ja, die Pigmente sind veränderbar. Die Erde dreht sich, nichts ist von ewiger Dauer statisch fest.

Gehen wir zum <u>Heiligenschein</u> im Buddhismus, Hinduismus und Christentum über. Er verkörpert die Sonne in der gemäßigten Erdphase. Reis sowie Sojabohnen wachsen gut in der Feuchtigkeit inklusive einer Portion an Wärme. Runde Fenster sollten das Licht in das chinesische Haus Einlass gewähren. Sie müssen sich bei Dämmerung im dunklen Zimmer aufhalten, um sich das magische Moment zu verinnerlichen. Sollten

Sie bei Ihrer Reise einen Buddhistischen Tempel betreten haben, wüssten Sie von der universellen Kostbarkeit des hauchdünnen Goldes. Nicht der materielle Wert ist unbezahlbar, sicher aber der heilige. Helle und dunkle Holzarten fanden Verwendung bei der Bau der Tempel. Sie fragen sich vielleicht, wieso keine einheitliche Bäume für ein einheitliches Aussehen sorgten. Dunkleres Teakholz hält viel länger als herkömmliches. Bei der Errichtung spielten andere Faktoren eine Rolle. Das Aussehen drückt die Hautfarbe des Gläubigen aus. Dunkel- und hellhäutige Anhänger füllten den Tempel.

Im Nachhinein können wir uns nicht wundern, dass die alte Griechische Gesellschaft sich im nordöstlichen Teil des Mittelmeeres angesiedelt hatte. Das Gebiet wurde schneefrei, die Vegetation optimal gewachsen. Das Wetter verbesserte sich. Die frühen Kelten dehnten sich aus. Städte bildeten sich. Bekannt sind Berichte, wonach sehr früh Hirse und andere Urgetreide in Europa angebaut wurden. Zerstreut an den Küsten Europas wurden die monolithische Stätten freigelegt, Beispiel (Stonehenge) in Großbritanien, aber auch in Irland,

Frankreich, Malta uvm. Die runde Steinanordnungen wurden einzig geschaffen, um die Sonne zu preisen.

Bild Stadion: Sonnenverehrung olympisch

Bei den Hellenen kannte man etwas viel größeres. Amphitheater und olympische Stadien repräsentierten unübersehbar die Sonne mit den Sitzringen für die Stärke des Lichtes. Die Olympische Spiele sind wichtige Disziplinen, die von den Starken beherrscht werden muss. Die ideale Nacktheit der Athleten hatte einen höheren Stellenwert im Ursprung des überhitzigen Daseins, alles andere als Scham und Schande. Ihre Bauwerke sind Zeugnisse einer Kultur mit eigener Schrift. Sie führten ihr Leben aus einem vorigen Ort fort. Die Errungenschaften hatten sie nicht allein von Grund auf erfunden. Vielmehr kannten sie sich schon sehr gut aus und suchten die vollen Entfaltung. Umfangreiche Handelsbeziehungen verknüpften Freundschaften von

großem Wert für eine aufstrebende Antiken-Nation. Odysseus irrte sich mit seiner Mannschaft auf Erkundung auf dem Meer. Malta und Zypern lagen inmitten des Mittelmeeres. Sie waren einsam. Die Distanzen zum Festland verschafften ihnen ungeahntem Schutz vor den Feinden.

14. Auf dem Dach der Welt (Himmalaya) wehte zur Zeit die Farben des Glaubens als Ergebnis von unendlich langen Kämpfen auf dem Subkontinent und den Nachbarländern. Buddha entschied sich für die Rückbesinnung auf die Religion als Garant des dauerhaften Friedens zwischen den Völkern. Laute Kriegstrommel verwandelten sich zurück zu Gebetswerkzeuge. Die Alten Inder kannten im etwa alle Teile der Welt. Nichtsdestotrotz legten sie die weitesteten Entfernungen zu Fuß zurück. Wagen mit Räder transportierten die Last aller Art. Den <u>kostbaren Frieden</u> mit den Nachbaren zu teilen sollte die Kulturen bewahren. Damit einhergehend werden die zahlreichen Wissenschaftsbereiche ausgetauscht. Wie im Glauben sind unterschiedliche Entwicklungsstufen vertreten. Diesen gelten es, aufzugreifen. Fachgebiete der

modernen Wissenschaft scheinen fortschrittlicher, gelegentlich über die Religionen zu stehen. Ambitionierte Wetteiferer haben unglücklicherweise nicht immer das Bedürfnis, den Fortschritt mit uns zu teilen. Vorsprung hin, Vorsprung her, sie schafft längerfristig keinen Frieden. Die Universitäten vermitteln keine gemeinsamen Werte. Konfessionelle Ausbildung bleibt den wenigen echten Geistlichen traditionell vorbehalten. Unterschiedlich ehrbare Prediger sehen ihre Religion als das Maß aller Dinge. Eine materialistische Gesellschaft bietet keine große Auswahl, was potentielle Mönche und Nonnen anbelangt.

Fahnen kündigten von Sieg und Untergang eines Reiches. Für sie opferten sich die besten Soldaten, mit ihnen kamen Tod und Elend über die Besiegten. Mächtige Armeen reduzierten sich zu kleinen Haufen, wahrlich eine Verschwendung von großer Dimension. Eine <u>heilsame Fahne</u> sollte eine neue Ära in (Nord-) Himmalaya ankündigen. Tibetisch blau steht für die himmlische Macht, weiß die Wolken, gelb die Sonne, rot die Abend- bzw. Morgendämmerung. An dieser Stelle sollten wir einiges erläutern. Wir betrachten gern den romantischen Sonnenuntergang sowie den Aufgang. Wir können 1 Stunde für das himmlische Schauspiel sitzen bleiben. Der nächtliche Übergang ist relativ kurz. In der Vorvergangenheit dauerte die Farberscheinung sehr lang gezogen. Es gab die Dauernacht, hinzu gesellte sich die Dämmerung. Die hatte Nuancen von orange bis rot. Rosa, purpur komplettiert die Palette. Sonne erleuchtete die regionale Dunkelheit, Symbol von: schwarze Schriftzeichen auf Goldhintergrund, das tiefrote, Symbol von: schwarze Schriftzeichen auf rotem Hintergrund.

Viel gesagt, wenig verstanden. Siegfried ist ein Rufname. Herbeigerufen sollte der Sieg für den Frieden, ihn also gewinnen. Sigmund laut gesprochen sollte den Beschützer gewinnen, keineswegs ihn zu entledigen. Was Sigmund Freud anbelangt, wollte er die menschliche Entscheidungsfindung verstehen. In dieser Sache beschäftigte er sich mit den guten (im Über-Ich) und den bösen Teilerfahrungen (im Es) eines jeden. Nebenbei erwähnt, Herkules kann nicht einzig stark sein. Der von Alemann vielleicht schon, hier eine propagierte Männergruppe. <u>Gott Herkules</u> kann viel mehr bewirken. Rufen Sie Hermann, bringen Sie im verborgenen den Mann zu Gehör, der Herr über sich selbst ist. Herr ersetzt das Wort Gott. Hermann ist dementsprechend ein Götterverehrer. Führen wir noch weiter aus, besagt der Name Bergman einen Mann, der auf einem Berg wohnt. Berge galten neben Täler, Seen, Flüsse als heilig. Aus der Frömmigkeit konnte der Bergman Schwache und Gebrechliche retten. Siehe Druide mit seiner Naturmedizin.

Die Wiedergeburt

Die Buddhistische Lehre ist stark an die Wiedergeburt verflochtet. Das heilige Prinzip durchdringt von Fuß bis zum Kopf des Buddhisten. Genauer genommen, herrscht diese Vorstellung bereits lange im Hinduismus, ist insofern keine neue spirituelle Erfahrung auf dem Weg zur Erleuchtung. Gott Vishnu oder Gott Shiva war erleuchtet und das ergab einen anderen Sinn. Vertraten ihre Bekenntnisse eine frühere, unbekannte Religion? Möglich. Jedenfalls wechselten sich die Drei Hochgötter einander ab. Eine Frage sei erlaubt, wie lang eine Dauer jeweils anhält. Mehr als außergewöhnlich lang. Man könnte die Frage ausweiten, indes die drei unantastbaren Heiligkeiten zusammen als ein Glied im Kontinuum fungieren. Siehe Gebetskette. Viele Welten existierten vor unserer. Eine Antwort auf die obige Frage lautet: eine göttliche Dauer währte kontinuierlich lang.

Bild Kondenzstreifen: Abgeschwächt kann umgebende Wirbelungen beobachtet werden. In der großen Warmzeit wirkten Südwinde am Südpol.

Was wir von der Wiedergeburt wissen ist, das Lebendige kehrt wieder zurück. Der Tote kann sich selbst nicht erwecken. Der seinesgleichen kann wiedergeboren werden, sprich die eigene Kinder, die Neffen, die Nichten, etc. Im erweiterten Sinne sind damit Menschen der gleichen Rasse gemeint. Ahnen der Vorwelt hatten beobachtet, wie alles Leben nach dem Schmelzen des Eises zurückkam. Die selbe Fauna und Flora wurden aus dem Nichts wiedergeboren, z.B.

die weiße Fauna. Aus der immerwährenden Wüste gedieh alles ohne weiteres Zutun wieder zu einem tropischen Paradies. Manchmal können wir uns imaginär an die entfernteste Vergangenheit erinnern. Im selben Moment haben wir keine Ahnung von der Vorwelt. Sie existiert in unserem innersten Geisteszustand oder sollen wir sagen, in unserem Glauben? Mit diesem Aspekt geraten wir über die Schwelle dieser Welt. Sehr viele Zeitperioden brauchen wir, bis aus der egozentrischen Weltbild sich eine artenspezifische herausbilden konnte. Eine allumfassende Einsicht ist förderlich.

<u>Heilige Bücher</u> stammten von Indischen Göttern selbst. Es verwundert nicht, dass vieles aufgeschrieben worden war. Epen könnten nur ein Teil der mündlichen Gesamtliteratur wiedergeben. Also gingen fehlende verloren.

Vorfahren Abrahams hörten Gott, auf ihn, glaubten an ihn. Wir hören ihn leider nicht mehr. Sind wir die Vertriebenen? Liegt der Grund dafür, dass wir seine Anhänger inklusive Stadthalter zum Schweigen gebracht haben? Das aufstrebende Spanien wollte eine dritte Macht des Christentums neben der Vatikanstadt und Konstantinopel im Osten aufbauen. Von ihnen wußte man, sie kamen sehr eifrig voran, sammelten sehr viele Relikien. Der Jakobsweg sollte zu den Schätzen führen. Danach brachen sie in die neue Welt auf. Hätten sie die tiefere Theologie studiert. Die Schreibweise <u>Messias,</u> englisch Messiah, hört sich ausgesprochen wie Massai an. Die Schwierigkeit liegt darin, ob die Stifter uns folgen können oder wir sie. Um es verständlich auszudrücken, wir sind im Stande, die Fakten zu verstehen.

Der Keltenstamm wurde aufgespaltet. Das sollte uns bewußt sein. Die Welt in Stammesgebiete einzuteilen, gehörte der Vergangenheit an. Ein Beispiel, der Indianer hat seinen Ursprung in der Wildnis. Er will den Freigeist, also die Freiheit des Adlers spüren. Daher gab es für ihn keine Grenze. Sie hatten doch alles, was sie für das Leben benötigen. Fernab im Osten saßen die chinesischen Kaiser auf dem Drachenthron. Das Reich kannte ebenfalls keine Grenze. China war die erste Nation der Welt. Sie ist eine Heimat denn ein

Territorium. Die Fürsorger legitimierten sich durch ihren unangefochtenen Vertretungsanspruch eines Volkes. Der Drachenanwärter bekam den Auftrag, den Frieden sicherzustellen. Mythologisch spendet das Fabeltier Wasser zum Leben. Die Heimat war von Flüßen, Stromschnellen durchzogen, mit Quellen, Seen, Bächen, Reisfeldern belegt. Andererseits hat das gemeinte Tier Adlerklauen. Es ist zweifellos eine Kombination zwischen Schlange und Adler. In der Mitte zweier Vogelschlangen ist eine Feuerkugel abgebildet. Sie entspricht die Sonne in der Ferne. Wasserreichtum und Wolken kann es nur mit der Sonne geben. Hoch oben flogen die Adler, unten schwammen oder bewegen sich die Schlangen. Im klassischen Tempel ergänzen zusätzliche Symbole die Strahlen auf die Erde. Typische Paläste des kaiserlichen Hofs sollen irdische Pendants auf den hohen Bergen repräsentieren. Weiß und schwarz für Yin und Yang unterscheiden die helle Schnee- und die nächtliche Landschaft. Traditionell schwarze Schriftzeichen sind in der Helligkeit des weißen Papiers sichtbar. Wohl gemerkt, Urgletscher schmolzen. Daraus blieben Berge und Täler. Schieferplattengebirge beherbergen versteinerte,

 Warum existiert alles natürliche?

detailvolle Kleintiere. Sie versanken in den urzeitlichen Mooren.

Bild Preis, Lohn: Gedrückt hat Betrug-Charakter

15. Kurzresümee: Einige wenige Urlokalstämme (~4) waren bis in unserer Welt erhalten geblieben, die sich erfolgreich ausbreiten konnten. Das sind die Hochkulturen und unscheinbar primitiv lebenden mit ihren vereinfachten, identitäsgebenden, genannten Mythen. Tanz, Gesang, Musik, Gebet oder der Glaube sind untrennbar mit dem Göttlichen verbunden. <u>Urtraditionspflege</u> betrieben die Urinkas, -afrikaner, -inder und -australier, vereint aus -polynesier, -indonesier, -malayen. Nach der großen Warmzeit kam die große Eiszeit und umgekehrt. Nach der Nord- florierte die Südhemmisphäre - verkehrte Sicht respektive. Die Himmelsrichtungen wurden uns zur Orientierung mitgegeben. Extrembedingungen des Permafrostes oder -hitze setzten uns die Grenzen. Es scheint nicht abwegig, wenn Elefanten in noch heißeren Gegenden laufen konnten, weil so gut wie keine

Körperbehaarung. Die Sohle ist verhornt, der lange Rüssel spart Kraft beim Trinken. Das Atmen der wechselhaften Hitzeluft in der Ursteppe fiel ihnen leichter.

Ein weiterer Rätsel, in Europa wurden viele Speerspitzen gefunden. Mit ihnen wurden vermutlich große Tiere gejagt. Da viele gefunden wurden, musste hier eine blühende Urjägerheimat gewesen sein. Unsere Schulbildung suggeriert eine ansässige, primitive Gemeinschaft und datierte die Eisenzeit aufgrund ihrer Werkzeuge. Kombinieren wir die Kupfer-, Metall-, Bronzezeit u.ä. zu einer Periode, können wir eine Gemeinsamkeit feststellen. Wie konnten einfache Sammler plötzlich Metalle schmelzen und bearbeiten können? Es ist kein Wunder, dass ominöse Theoretiker von außerirdischer Intelligenz sprechen. Unsere Kreativität schien einen Schub bekommen zu haben. Dieser Fehlgedanke beruht auf nicht zugelassenen Fakten. Nur ein lokaler Teil wurde als wissenschaftlich seriös akzeptiert. Zur Veranschaulichung nehmen wir die Kelten oder Wikinger her. Sie galten ebenfalls als primitiv. Nach der Assimilation und Bekehrung unter

Römischer Herrschaft strebten sie gleichberechtigt mit Italien die Weltherrschaft an. Innerhalb der EU sind die Interessen unterschiedlich verteilt. Jede Nation sieht sich im Recht. Kolonisten teilten schließlich die Welt auf. Kelten und Wikinger im neuen Gewand haben logischerweise auch einen Schub in ihrer Entwicklung bekommen. Sie müssen einsehen, dass die Bedrohung nicht von außen kommt, sondern von innen. Ausländer und Ausländerinnen können ihre Misere nicht im geringsten beeinflußen. Ganz im Gegenteil. Viele Nahrungsgrundlagen sind zerstört. Ein Großteil des wohlernährten Wildes ist vom Aussterben bedroht. Angefangen bei den Pelzrobben, Walen. Dies führte zu Hungersnöten in der Vergangenheit, weil die Fremdvölker sich auf die maritimen und natürlichen Bestände zurückgreifen, die jedoch fatalerweise verschwanden. Mit dem leeren Magen kehrten die Kriege zurück. Längerfristig dürfte die EU die Auswirkungen finanziell, wirtschaftlich und existenziell zu spüren bekommen. Wir sollten das Geld für die konkurrierende Weltraumforschung besser in die Säuberung der Umwelt zwecks Krankheitsreduktion und in das globale Wildwachstum investieren. Die Natur und damit der Mensch muss sich erholen können. Prinzip <u>Hoffnung</u>.

Ur-Eskimos hielten sich für eine lange Periode in Gegenden mit viel Gras für ihre Renntierherde auf. In dieser gesunden Umgebung ernährten sie sich von Fleisch und Pflanzen. Wir genießen einen Teller Steak mit Beilagen und frischer Salat mit Marinade. Sie tischten Renntiersteak und Wildkräutermischkost auf. Insofern ließen sie es sich wahrlich gut gehen. Viele Jahre vergingen. Wir wissen nicht, wie die Lage in 2000 Tausend Jahren aussehen wird. Bei ihnen fiel dann der Schnee wieder. Er wurde dicker und dicker. Schließlich kam er in Massen. Keine Herde konnte gehalten werden. Das Wild versuchte sein Glück. Dann mussten die Neu-Eskimos Walfleisch oder Seehundsfleisch roh essen. Die Kälte war bitterlich. Schlitten fanden ihre bewährte Renaissance oder sie wurden wieder erneut erfunden, ohne eine leiseste Ahnung davon, ob davor eine gute Zeit herrschte.

Besser und länger lebten die Urgebildeten, die sich nicht all zu weit südlich vom Äquator niederließen. Sie

                    Warum existiert alles natürliche?

setzten sich etwas weniger den Urgewalten aus. Ihre Kultur rutschte auf eine beständige Grundstufe. Die Mayas bauten imposante Tempelanlagen bis nach Teotihuacan, der äußerste Teil ihres Reiches. Bis zu dieser Gegend ist der südliche Nachthimmel gut zu beobachten. Die kosmische Ordnung war in ihrer Sicht gegeben. Dies erklärt die höchst fortschrittlichste Megalithbauweise ohne Zwischenraum, beispielsweise in Peru. Diese Meisterwerke haben deshalb kein Datum, da sie aus dem selben Element der Erde bestehen. Wir können das Alter unseres blauen Planeten höchstens schätzen. Von ihrer Stammposition aus betrieben die Urstädter rege Handel zwischen den nördlichen und südlichen Zonen. Ursaisonale Nahrungsquellen verschoben sich in ihrer eigenen Dynamik. Die reduzierte Urzivilisationen konnten sich einigermaßen auf die Landwirtschaft stützen.

Zwischen den bewohnten Zonen sind auf Dauer Riesen und ihre kleine Vertreter entstanden. Was für futuristische Megalithbauten sie hinterließen ist ein Bruchteil dessen, was gebaut und verziert wurden. Wie werden unsere Zeugnisse der Zivilisation einmal aussehen? Zweifelsfrei haben wir die Fähigkeit verloren, Megalithprojekte aufzustemmen, die Zeiten überdauern könnten, lang genug, bis sich niemand mehr daran erinnern kann, jemals derartige gebaut zu haben. Sie altern noch vor sich hin. Allgemein gehen wir davon aus, dass ihre Fertigstellung von Pharaonen, Statthaltern oder großen Herrschern beaufsichtigt wurden. Eine Masse von Arbeiter musste in der jahrelangen Bauphase versorgt werden. Die Hochkulturen besaßen nicht nur aufopferungsvolle Diener. Vielmehr waren sie dicht besiedelte Zivilisationen. Prächtigste Bauwerke wurden für die Religion aufgestellt und von den Anhängern benutzt. Ihre Städte mussten Metropole, der Weltglaube von einer schier unglaublichen, praktizierenden Pilgerschar getragen sein. Jeder Naturgott hatte seinen Sitz.

Die Pyramiden ähneln sich über Kontinente hinweg nahezu ein Ei dem anderen. Hinduistische Tempel haben die leichte Aussenform einer kleinen Pyramide, sehr prägnant und dabei vielaussagend. Es sind die übereinander geordneten Zivilisationen, gleichsam an einer Riesenbergerhebung angesiedelt. Auf den Höhen

                    Warum existiert alles natürliche?

sammelten sich die Gesellschaften. Balinesische Gebetshäuser verlaufen nicht geringer spitz nach oben. Gestapelte Dächer zeigen präzise die Heimatorte in den Höhen. Auf ihren Inseln war das Territorium klein. Der Boden unter ihren Füßen wurde über lange Dauer gefaltet. Genau darüber berichteten Buddhistische Texte. Praktizierende sollten sich beim Morgen- und Abendgebet die westliche Ausrichtung einprägen. Am Horizont werden sich alle himmlische Konstellationen ereignen. Fallen zusammengefaßt beide Gebete zusammen oder lassen sich die Morgen- und Abenddämmerung nicht mehr auseinanderhalten, wird der Zeitpunkt erreicht sein, wo die Dunkelheit überhand nimmt. Bekanntlich meiden Buddisten die gefahrvolle Finsternis. Andernorts werden wir die Helligkeit vorfinden.

Bild Tempel in Hampi (Indien):   11 Paradiese=Welten.

Wir sind in der 11-ten. Je mehr, desto höher werden Berge gefaltet.

Versetzen wir uns abermals in die Inkazeit. Bauer betrieben Landwirtschaft wie überall auf der Welt. Außerdem hatten ihre kulturelle Erben speziell ausgebildete Sternbeobachter für ihre Observatorien. Ihre Aufgabe war die Erforschung der Sterne. Tatsächlich verbarg sich dahinter die genaue Suche nach Hinweise außergewöhnlicher Phänomene. Auffälligkeiten deuteten auf einen Ankunft bestimmter Götter hin. Anders beschrieben, die Ereignisse in ihrer Zukunft kehrte mit der Erscheinung gewisser, gut bekannter Ereignisse zurück. Diese werden analysiert und in Verbindung mit vergangener Fakten verglichen. Daher war der Heilige Kalender von immenser Bedeutung. Astronomie ist eine neue Begriffsform, die sich rein auf die Sterne beschränkte.

Auf dem afrikanischen Kontinent kannten die Ägypter die nächtlichen Sterne auswendig. Die hohe Priesterschaft hatte die Aufgabe, Ansätze von großer Bedeutung zu erkennen. Entsprechend ihrer Religion waren damit ebenfalls bestimmte Götter am Werk.

                 Warum existiert alles natürliche?

Die einfachen Völker glaubten sowieso fest an ihre Naturgötter. Sie waren eng mit der Landschaft verbunden und hatten eine Vorahnung, wenn sie das Verhalten das Wild in der Umgebung beobachten. Dann hieß es, weglaufen oder mit ihm zu ziehen. Kelten hatten ihre Druiden mit höchster Kenntnis auf ihrem Gebiet, u.a. heilige Bäume oder Pflanzenkunde.

Hinduisten begegnen ihre heilige Kuh sogar auf der Straße. Alles Heilsame wirkte auf den Gläubigen. In Sigiriya saßen meditierende Himmelsbeobachter Tendenzen voraus, die sich aus dem Firmament ableitete. Sie sind Teil der Naturgottheiten, die sich extrem gut mit ihrer (Un-) Sterblichkeit auskannten. Leider sind viele der Informationen von einer Generation zur anderen verloren gegangen. Schriftliche Zeugnisse zerbröselten zu Staub. Steintafel brachen ab. Relikte lösten sich auf. Sicher, religiöser Wahn, vernunftbasierender Einsicht oder schlicht das Starren der Planeten, andershin kann man nicht schauen - alles eine undurchschaubare Interpretationssache. Letzteres Augenmerkmal ist plausibel, wenn wir nicht sonderlich viel wissen.

Legendäre Filme führen uns zu den Shaolin-Mönchen.

Uns interessiert mehr der mehrstöckige Tempel. Wieso hatten die Mönche mehrere Etagen errichtet, wo doch eine Ebene völlig ausreicht? Die Fundamente und das Mauerwerk musste kontinuierlich in ihrer Festigkeit verbessert werden. Viele Vorgänger hatten zuvor eben diese Herausforderung zu meistern. Eine Etage nach der anderen wollte etwas bedeuten, sowie alles was am Tempel gebaut wurde. 7 Ebenen? Möglich könnten 7 Welten in der Breite gemeint sein, aber sinngemäß 7 horizontale Himmel. Jedenfalls unterschieden sie sich im Auge des Betrachters. In jeder legendären Geschoßkammer Shaolins herrschte eine höchst meisterliche Disziplin. Wir können anführen, es gab mehrere, urtypische Höhenlagen. Je höher man hochstieg, erlebte man eine völlig andere Vegetation. Wenn wir jedoch aus dem Pagodenfenster schauen, sehen wir den Boden der Tatsache - eine perplexe Sicht. Wie wir wissen, waren die Fenster rund und ließ die Sonne herein. Die Strahlen erhellte jede dieser Umwelt. Zu Zeit der Jupitersonne gab es sicherlich kein Leben auf der Erde. Das ist eine astronomisch große Zahl für Experten auf dem Fachgebiet. Vielleicht müssen wir uns nicht zu den Sternen fixieren. Auf einen hohen Berg zu

                    Warum existiert alles natürliche?

steigen würde ausreichen. Denn die Ausläufer der Himalaya-Berge sind sehr zahlreich und unterschiedlich hoch. Noch heute sammeln Mönchsärzte Heilkräuter auf den hohen Plateaus, auf dem sehr frühen Wohnsitz einer Zivilisation. Die dauerhafte Vegetation war vielfach größer zwischen den Höhen. Auf der Spitze lag der ewige Schnee, doch die Atmosphäre war relativ mild. Das Schmelzwasser bildete sich und floß auf den Täler. Auf nächst folgende Höhe fehlte die gewohnte Temperatur. Das wenige Gebirgswasser gefror und formte die typischen Gletscher. Sie rutschten nach unten. Ein Nordkontinent kann in seiner früheren geografischen Position eine mehrfach breitere Tundra mit nachtaktiven Lebensformen entlang seiner Meeresküste besitzen. Indische Texte beschrieben die Heimat der Gottheiten auf den weißen Bergen. In chinesischen Mythen residierte der göttliche Himmelskaiser in einer eigenen Welt hoch über den Wolken. Ein Schar von Gottheiten lenkte das Geschick zum Wohle der unteren Erdenbewohner. Sie sind das Entsprechende zu den Olympischen Götter oder die hohen Götter der Anden. Auf den weißen Bergen Afrikas müsste es Götter gegeben haben. Pharaonen

könnten von ihnen berichtet haben. <u>Heilkräuter</u> haben einen unschätzbaren Wert, wenn kein Gemüse wachsen kann. Dann heilen sie im wahrsten Sinne des Wortes, allein an Vitamin-C-Mangel. Getrocknet verlieren sie ihre Wirkung nicht.

Bild Felszeichnungen Anasazi (USA): Schwindende Wasserfälle

Wollen wir die leichte Bekleidung der Buddhistischen Mönche, der altgriechischen Priester, der Pharaonen, der Azteken analysieren, kommen wir zu einer einheitlichen Gebetstracht, die niemand erahnen konnte. Religionen kamen aus den warmen Regionen der Welt. Während ihrer Verbreitung mussten Pioniere viele Umwelteindrücke überwinden. Dabei schien die Sonne unterschiedlich lang u.a. am hellsten auf den Bergspitzen, am dunkelsten auf den tiefen Lagen - ein phänomenaler Anblick von unten nach oben. Der weiße Olymp war Sitz der Götter, der weiße Himalaya Sitz der

                    Warum existiert alles natürliche?

Gottheiten. Die weißen Berge Afrikas waren sicherlich Sitz der lokalen Götter. Der indische Tempel zu Ehren Venkateshvaras ist weiß und thront auf dem höchsten der 7 Landerhebungen. Das heilige Wasser ist im nahen Sri Swami Pushkarini. Es hieß, Gottheiten waren zu diesem Ort herabgestiegen. Im übrigen hatten sie stets Musik auf Instrumenten gespielt. Ihre Worte, das Gebet, ihr Gesang und die musikalische Begleitung sind sehr wichtig bzw. heilig. Die gepflegte Sprache blieb in der langen Dauer länger erhalten. Unklar ist, ob Fragmente der Ur-Ursprache noch benutzt werden.

Unsere Vorliebe für bunte Blumen besagt, wir sehnen uns unbewußt an die Zeit im tropischen Paradies zurück, in welcher Welt auch immer. Das Leben war leicht. Jeden Tag sehen wir das Schöne, das Gute, die lebendige Kraft. Die Gefahren diesbezüglich spielen vielleicht eine untergeordnete Rolle. Möglich ist, dass es im Stammgebiet wenige Raubtiere gab. Wir nahmen ein Teil der Nahrung von der Natur und überließen den Rest den Göttern. Der heilige Brauch verlangte es von uns. Zum Beipiel liefern Kühe die Milch. Die Hälfte blieb bei ihnen. Sie nehmen nichts von uns. Das Gras ernährte sie. Die gerissene Tiere beschützten uns vor den nun satten Raubtieren. Ein gewichtigerer Aspekt für uns ist die Durststillung durch Milch in schweren Zeiten, sollte Wasserreserven ausgehen. Giftige Pilze befinden sich auf einer begehrten Fläche. Indirekt fressen Kleinstinsekten, Vögel, Wiederkäuer die für uns ungenießbaren Gewächse und Früchte. Ihr Magen verträgt diese Nahrung viel besser als unser. Je nach Sorten ernährten sich die verschiedensten Tierarten von ihnen. Wir leben mit allen Lebensformen direkt oder indirekt in Symbiose.

Wenn draußen der Urwind tobte, wären Maschinen sehr hilfreich. Unser Gehirn kann und hatte viele Werkzeuge und gute Maschinen erfunden, egal in welcher Zeit. Sie brauchen das knappe Gut Energie. Gebrauchen wir unser Denkvermögen, werden wir intelligenter. In einer der heftigsten Landschaft über Tausende Jahren verkümmerte sich unser untrainiertes Organ, Vögel ihre nutzlose Flügel. Dann werden wir uns zu Affen ohne Intelligenz zurückmutieren. Sie können nicht fragen. Sie nehmen alles gegeben hin. Ihre angeborene Reflexe und Instinkte halten sie am Leben. Sie halten logisch denkende als ihre Götter, die sie beschützen. Das Bauen

          Warum existiert alles natürliche?

mit tonnenschweren Megalithen gibt uns nach außen hin einen Rätsel auf. Wir sehen etwas, was uns fasziniert. Aus der Bewunderung entsteht die einfache Denklogik. Viele Individuen, viele Intelligenzen. Auf der Erde wohnen Menschen mit unterschiedlichen Bewußtseinsebenen. Wir können von einer einfachen Stufe bis zum höchsten aufsteigen. Umgekehrt ist der Weg nicht verschlossen. Das fällt uns auf, wenn Kinder viel lernen. Im Sport haben wir zum Beispiel eine Übung sehr gut trainiert, bekamen dafür die beste Note. Nach der Ausbildung und integriert im Beruf waren dick und können die einstudierte Übung nicht mehr vorführen. Wir wundern uns dann, wie wir solche Turnfähigkeit haben konnten. Besonders Frauen fragen sich, wie sie schön schlank und im zarten Alter die höchste athletische Kunst beherrschen konnten. Das, was wir gelernt haben, sollten wir weiter üben, um Meister darin zu werden. Wir dürfen weder vergessen noch eine Gabe ablegen, nur weil jemand behauptet, unser Glaube wäre primitiv. Jesus Christus ließ sich nicht beirren und hielt an seinen jüdischen Glauben fest, der ihn den inneren Frieden gab. Jemand, der die Worte Gottes verkündet, kann nicht aggresiv oder aufdringlich sein. Niemand würde ihn sonst zuhören wollen.

Des Rätsels Lösung: Aus der festen, guten Überzeugung kann sich eine Hochkultur mit all seinen fabelhaften, dankbaren Tempelanlagen pfleglich erhalten bleiben. Kultivierter Mais beispielsweise ersetzt tierisches Fleisch und ist viel bekömmlicher. Außerdem muss kein Leben getötet werden. In Südamerika sind eine Vielzahl von maisähnlichen Pflanzen zu finden. Es mag einem wundern, doch Mais könnte eine Wildgetreide gewesen sein, der nebeneinander mit maisähnlichen wuchs. Tiere fraßen vermehrt die größeren Körner. Sie trugen zur ersten Wildkultivierung von Urmais, Urweizen, Urhafer, Urroggen. Menschen setzten das gute Verhalten fort. Wir aßen die Körner, weil sie getrocknet haltbar waren. Unsere Orang Utans fressen gerne Pflanzen ohne Körner, aber auch andere Bio-Köstlichkeiten. Elefanten sind dahin gehend nicht wählerisch. Mit guten Maschinen könnten Wildgräser durchaus zu genießbaren Gerichten umgewandelt werden. Weil die Wildpopulation zunahm, lernten die Wagemutigen von den Raubtieren, Fleisch zu essen. Europäer eckelten sich, wenn sie Hundefleisch essen müssten. In

          Warum existiert alles natürliche?

Wirklichkeit sind Zuchthunde in Korea sehr beliebt. Es kommt eben darauf an, in welchem Land wir leben. Eine Hochkultur schwört auf ihre hohe Kochkunst. Je mehr traditionelle Gerichte ein Volk auftischen kann, desto älter ist es. Für die vielen Lieblingsspeisen werden viele Zutaten gebraucht. Das erfordert eine lange Kultivierung von Gemüse. Wir können einen Berg von Pflanzensorten anpflanzen. Der Anbau dauert eine Zeit lang gut. Zum Beipiel können wir große, süße Paprika züchten auf normalem Boden. Trocknet er längerfristig aus, ist ihre Züchtung nicht mehr möglich. Als sicher gilt, dass die wilden Sorten am längsten ohne Maschinen- oder Handpflege wachsen können.

Bild Straße: Mit Flugtaxi komfortabler zu überqueren

Bei Obst hatte das Wild und Sammler am Anfang daran geknabbert. Die Fauna sorgte für ihre natürliche Kultivierung, lange vor ihrer zielgerichteten Züchtung hinsichtlich des Aromas und der Größe. Wo stammen die Obstbäume eigentlich her? Aus verschiedenen

Teilen der Welt würde nicht den Antwortkern treffen. Wo könnten sie ursprünglich gewachsen haben? Zierpflanzen aus den Tropen haben eine sehr schöne, glatte Blattoberfläche, damit der starke Regen abperlen kann. Hier haben nicht die Lebewesen die grüne Evolution mitbestimmt, sondern das viele Wasser. Apfelbäume haben eine recht glatte Blattoberfläche, noch etwas glatter sind die des Birnbaums. Letzterer wuchs nah zu den Subtropen mit gemäßigten Regenfällen. Dazu gehören Kirschen, Pflaumen u.ä. Ihre Nachbarbäume sind Eiche, Buche, Linde, Hängeweide u.v.m. Zu den botanisch besten, ehemals tropischen Pflanzen reihen sich der immergrüne Efeu, die Seerosengewächse u.ä. Ziel der bunten Blumen ist die Erhöhung ihrer Attraktivität gegenüber fliegenden Insekten, wichtig für die Bestäubung der Blüten. Sie stammen mitunter aus dem Regenwald. Auf einer trockenen Landschaft ohne Gewächse kann nach einem Regenfall Blumen hervorspriesen, die für ein sehr kurzes Dasein blühen. In Süd- und Mittelamerika galten die heimischen Bienen als heilig. Die aggresiven Verwandten waren insofern wilde Insekten.

  Warum existiert alles natürliche?

Heilige Bienen

Lange vor dem Einsatz der Bienen in Europa war man der Meinung, sie müssten verehrt werden. Der Maya-Imker spricht eine Beschwörung und bietet um eine gute Ernte des Honigs. Ihr Hohenwert liegt nicht nur in der Lieferung des süßen Produktes. Die zahme Biene in Süd- und Mittelamerika befruchtete zahlreiche alte Gewächse. Aktuelle Berichte über Bienensterben in weiten Teilen der Welt sorgten für einen Schreck, speziell in den Obstplantagen. Ihre Haltung erfolgt durch die Monokulturbesitzer. Die Population ist mittlerweile sehr dicht. Das lockte die Schädlinge der Biene in Scharen. Parasiten befallen den Bienenstock. Für die Pflanzen fallen die Befruchtung aus. Doch nicht so voreilig. Gewächse sorgten vor. Sie benutzten sehr früh die Bienen und den Wind für ihre Befruchtung. Selbstbefruchtende sowie Wurzelvermehrer befanden sich unter ihnen.

Bestäuber

Libellen, Kolibris, Halbbienen, -fliegen und andere

fliegende Insekten gelten als wahre Flugkünstler im Tierreich. Ihre Flügel schlagen sehr schnell, ihre Flugrichtungen sehr kontrolliert. Außerdem können sie die Luftturbulenzen sehr gut ausgleichen. Sie kommen als Pflanzenbefruchter noch besser in Frage. Die diesbezüglichen kommen von den Tropen bis in höheren Breiten vor, z.B. in Amerika, der Rhön. Mini-Schmetterlinge bestäuben die kleinen Blumen in einer ruhigen Atmosphäre. Hierzulande treten eine schwarze und weiße Art nebeneinander auf.

Fauna & Flora (Rhöns)

Im Raum der Mini-Schmetterlinge treffen wir auf Mini-Ameisen. Ihr Bau liegt unter der Erde. Ferner sind alle Größenarten anzutreffen. Die größte rot-schwarze kann überdies die doppelte Größe gegenüber der normalen Urwaldameise Annams erreichen. In der Überzahl ist die hiesige Rasse schwarz-rot. Sie verhalten sich wenig aggresiv. Rote hingegen sind in Indochina äußerst angriffslustig. Viele sterben durch zergliederte Verwundungen. Von beiden Arten können wir lernen, dass Angriff nicht die einzig beste Verteidigung ist. Im friedlichen, irdischen Leben liegt mindestens genau so gut der beste, langanhaltende Schutz. Unter der Erde finden die Sechsbeiner ihr Zuhause. Sie verenden in der Regel eines natürlichen Todes.

Gegen Abend schwärmen Stechmücken wie überall auf der Welt nachtaktiv aus. Sie meiden Kälte, Regen und Sonnenschein. Dass die Stichwunden sich entzünden können, ist kein Geheimnis. Was außergewöhnliches im frühen Abendland zu finden war, ist die Verehrung der heiligen Eiche. Ihr Holz duftet. Sie reiht sich zu den immergrünen Kiefern und Co. Ihr Stamm ist hart bis sehr hart. Der Vorteil liegt im schnellen Wachsen. Zusammen mit dem hohen Alter von etwa 950 Jahren und der maximalen Höhe bei 40 Meter handelt es sich hier um einen urzeitlichen Hartholzbaum. Schiffe bekamen ihren robusten Rumpf oder ihren stabilen Mast in der Seefahrt. Dies deutet auf die Anwesenheit von zahlreichen Baumarten in den frühesten Epochen. Wann war die Tropenzeit auf dem Gebiet der Kelten? In der vorigen Welt, vor ungefähr (92.250-25.600=) 66.625 Jahren, gesetzt den Fall, der echte Äquator befindet sich auf dem Nullmeridian. In etwa 25.600 Jahren wird der Äquator Europa erreichen. Eine Fixierung auf ihn ist z. Z.

nicht so sehr wichtig. In unserer gemäßigten Welt wächst überall die Bäume, wo der Humus noch verhanden ist. Beide können zusammen die Boden-Feuchtigkeit speichern. Das (heilige) Wasser sammelt sich unteranderem unter dem Wald. Es ist wiederum sehr wichtig für die Bäume, also für die <u>Entstehung des tropischen Paradieses</u>. Woher soll die Bewässerung kommen, wenn nicht durch den Regen. Süßwasserseen schwinden. Sie reichen vielerorts für den großen Durst nicht aus. Siehe Sandbaden in Nordafrika, wo die Hitze unsere Parasiten töten könnte, gäbe es nicht die kühle Nacht. Die keltische Eiche entspricht eine Gattung von vielen auf der Erde.

Im Vergleich zu Zuckerrohr wachsen Zuckerrüben auf humose Flächen. Fruchtbare Böden zeichnen sich durch einen hohen Gehalt an Humus aus. Bei einer langen Trockenheit verschwindet die Feuchtigkeit rasant, mit der Folge, dass der Staub vom Wind fortgetragen wird. Übrig bleibt nach sehr vielen Jahren Sand und Schotter. Manche Landschaft unterscheidet sich farblich wenig von der Wüste, enthält allerdings viel feuchten Humus, der sich im Laufe der Zeit mit dem Regen (Schnee, Hagel) und Wind angehäuft hatte. Die Atacama-Wüste

 Warum existiert alles natürliche?

war in der Urzeit ein fruchtbares Gebiet.

Erwähnenswert ist die Nutzpflanze Zuckerrohr. Von der Ferne betrachtet, sieht das Gewächs einem hohen Gras zum Verwechseln ähnlich aus. Er war das Riesengras der Urzeit. Das Gras ist eine verwandte Mini-Version. Wir laufen auf der Wiese. Die großen Säuger rannten auf einem Riesengrasgrund.

Tropische Palmen liefern das <u>Palmöl</u> für unseren Tagesbedarf in vielerlei Gerichten und Fertigprodukten. Für die industrielle Produktion werden immer mehr Plantagen angelegt. Dabei werden Wälder sinnlos abgeholzt. Pflanzenfarmen sollten die Wildgewächse ergänzen. Dadurch können Wälder plus sektionale Baumbewirtschaftung ein größeres Gebiet abdecken. Der Boden erodiert nicht. Seine Fruchtbarkeit kann sich im Idealfall ausweiten. Massenhafte, gesunde Wälder können die Atmosphäre klimatisch regulieren. Sie mindern eine explosionsartige Erderwärmung. Zum Dritten ist der Verzehr von Palmöl jenseits der Subtropen klinisch nicht untersucht. Obwohl pflanzlich, härtet es in der Kühle. Die Gefahr von Schlaganschlag und Arterienverkalkung bei Massenkonsum sollte uns

zu bedenken geben. Die abendliche, morgendliche (kühle) Körperregeneration könnte unmerklich zum Kollaps führen. Hinzu werden Öle, Fette biologisch intern zu Zucker umgewandelt. Zu viele süße Extraschübe verstärken auf Dauer das Aufkommen von Diabetes. Befeuert wird das Ganze ohnehin durch tägliches, kontinental schmackhaftes Frühstück aus Marmelade, Bienenhonig, Butter.

Pflanzenöle und tierische Fette an sich sind ein Geschenk der Götter. Sie waren vielfach verwendbar, essbar, in der Schönheitspflege, ayurvedisch, in der Balsamierung oder aussortiert als Brennmittel. Das überaus lebenswichtige Feuer brannte damit.

Bild Heilwasserbecken Hampi: Sammelanlage

Vegetarisch mit Beilage

Fakten über die vegetarische Ernährung der meisten Hochkulturen lassen uns ihren friedlichen Charakter erkennen. Der Getreideanbau bewirkte jedoch die

Anziehung von hungrigen Lebewesen (Schädlinge). Bei einer Überzahl kamen die wohlernährten Insekten bzw. Tiere wohl oder übel auf dem bäuerlichen Speiseplan. Die Indische Gesellschaft bewies überdeutlich die gesunde, vegetarische Ernährungsweise. Wenige Fleischgenießer bevorzugen Obst und Gemüse als Ausgleich für ihre gesunde Lebensführung. Fleisch wird traditionell in der koschen Küche und halal zugunsten der Gesundheit eingeschränkt. In der breiten Palette an Pilze sortiert der Fachmann die Giftigen eh aus. Doch moment, nobody is perfect. Ergo bevorzugen wir Zuchtpilze. Das drückt die Wissenschaft der Ernährung aus. Auf die feine indische Art beschränkte man den tierischen Verzehr auf das saubere Geflügelfleisch, die gesunden Meeresdelikatessen, vegetarischen Ziegen und Lämmer. Eine direkte Verbindung zur Hygiene und frische, gesunde Ernährung ist gegeben.

16. **Evolutionsmodifikation**. Grundsätzlich bewegt sich die evolutionären Prozesse wellenförmig, d.h. ein Schritt vorwärts, dann ein Schritt zurück. Schauen wir den Walfang an. Die globale Ausbreitung der Meeressäuger gehörte der Vergangenheit an. Eine

kleine Anzahl von ihnen muss sich zuerst einmal vermehren, weil ihre Aufzucht kein Begriff für ihre Jäger war. Das selbe passierte den Pelzrobben an den Nordküsten, Hering in Island. Auf dem Insel wohnen Nachkommen der Winkinger. Sie waren sehr zahlreich gewesen. Die ursprünglichen Osterinselbewohner hatten sich zu einem kleinen Haufen reduziert. Das Nahrungsangebot gab die Richtung vor. Zum Bespiel sind Bäume dort Mangelware.

Schleichende Umweltveränderungen vollzogen sich seit sehr langem. Sie ist im Moment sichtbar, da uns die erste dampfbetriebene Lokomotive schon nicht gefielen. Bahnhöfe wurden in Außenbezirken verbannt. Die Geschichte wurde weitererzählt. Dies führte neuerdings zu einer sensiblen Ursachenforschung mit ungewissem Ausgang. Sollen wir die Lust am Reisen bremsen? Wir haben zwar Flugzeuge, trotzdem können wir den Fortschritt nicht voll ausnutzen, sei es wirtschaftlich, moralisch, gesundheitlich, nutzbringend, ressourcenschonend. Wir können in allen Bereichen optimale Resultate erzielen. Gleichzeitig sind wir ziellos. Etappenziele zu setzen, beflügelte die Menschheit seit

          Warum existiert alles natürliche?

eh und je. Götter meinten allerdings etwas ganz bestimmtes, in der sog. <u>Bestimmung</u>. Was geschieht mit den Abgasen? Seine schwere Bestandteile sinken langsam auf dem Boden. Feinstaub sowie feineste Partikel resultierend aus chemischer Rückstände können auf dem Waldboden Wunder bewirken. Wir mögen sie nicht. Wer kann gerne putzen? Allergiker spüren die Belastung in der Luft sehr gut. Ihre Dauerberauschung wirkt sich negativ aus. Eine direkte Verbindung zur Psyche kann sich der Psychologe nicht ausmalen. Innere, äußere plus unbewußte Zustände können sich in Träumen niederschlagen. Nun denn, der Tourist hat gute Aussichten auf eine angenehme und stressfreie Unterbringung in fernen Ländern. Russland meldete über erste Sandwanderung. Der relativ schwache Wind fegte wohl die leichte Humusschicht Jahr für Jahr von der Oberfläche. Übrig blieb Sand in Hülle und Fülle. Satte, mongolische Gräser lichten sich. Was darunter liegt, können wir vielleicht schon erahnen. Wir können sagen, dass die Geburtenrate effektiv eine erste Grenze erreichen wird. Unsere evolutionäre <u>Weichenstellung</u> zielt auf die Reduzierung des Körperwasserhaushalts. Im Kleinwuchs hatte die Natur vorgesorgt.

Angefangen in den Großstädten sollten Landesbürger das kostbare Wasser <u>nicht verschwenden</u>. Das Verschmutzen oder unregistriert schleichende, chemische Vergiften von Flüssen, Seen, Bächen, Meeresufer kann Leben darin töten. Das betrifft den Badenden in seiner Freizeit. Eine wahre <u>Sünde</u>. Statt Fangquote sollten wir über die Aufteilung der Aufzucht von <u>jungen Wildbeständen</u> festlegen. Die Natur erholt sich zu unseren Gunsten von selbst. Wir sollten nur die Hälfte des Wildes fangen, d.h. restriktiv ausgewachsene Populationen. Der Rest verbleibt bei ihren Göttern. Sie hatten in der Vergangenheit, gelinde ausgedrückt, millionenfach mit den Klimaveränderungen zu tun gehabt. Erste Kälte um den Südpol zieht vermehrt die Feuchtigkeit dahin. Ein Vorteil für kälteunempfindlichen Arten. In den trockenen Regionen lichten sich heute schon die Bewohner von selbst.

Starke Überlebenskünstler hier, Hilfsbedürftige dort. Ältere und junge Heranwachsende helfen sich gegenseitig. Dieses dörfliche Bild prägte. Aus barbarischen Angriffen wurden die ersten Gesetze

                    Warum existiert alles natürliche?

erlassen. Hochkulturen kommen und gehen. Alles spielte sich in einer unvorstellbaren Ewigkeit ab. Wir merken erst, wenn wir unser Gehirn gebrauchen. Es werden die jenigen fragen, wo andere schon lange gefragt haben. Vieles wird mit der reifen Zeit erklärbar. Ja, das Schöpferische kommt aus der Logik des hoch tranierten Gehirns der Begabten (u.a. Philosoph, Experte, Mathematiker, Architekteninnung, Ärzteschaft). Dauerhaft höhere Gewalten können die Rückbildung des Denkorgans nach sich ziehen. Sichtbare Wunder werden den menschlichen Geist erneut beflügeln.

Wir kennen Tiefseebewohner, die mittels Biozellen farblich leuchten. In warmen Gegenden faszinieren die Leuchtkäfer in der Nacht. Fische benutzen den internen Biostrom für die Jagd. Warum sollen zukünftige Ingenieure den elektrischen Strom nicht verbessern können? Es ist eine Frage der Zeit, bis wir kleine <u>Biokraftzellen</u> auf die einfachste Weise herstellen können. Der Verbrauch wird daran gekoppelt werden. Dann sind alle Kraftwerke inklusive Infrastruktur abschaltbar (abbaubar).
Spezielle Tiefseekulturen leben in Symbiose bei den

warmen Quellen. Wir haben keine bahnbrechende Kenntnisse über eine <u>thermische Energiegewinnung</u>. Es wird Zeit, an die Arbeit zu gehen, dieses Mysterium zu ergründen. Daraus könnte ein Produkt entstehen, welche die Wärmequellen in der absoluten Dunkelheit nutzt.

Der Sauerstoff verteilt sich in der Luft. Sein Verbrauch hält unsere Körperwärme konstant. Bis zu den Polargebieten siedelten sich Bakterien an. Sie verbrauchen andere Elemente. Lebewesen verbrauchen sie. Es scheint, die jeweiligen Subkulturen gehören zusammen und können getrennt voneinander existieren. Ein irdischer Vorgang in der Zeitlupe. Parallelexistenzen im Kosmos haben eine neue Bedeutung.

Bild Leuchtkäfer im Glas: Elektroingenieurinspiration

Unsere Götter wußten, dass wir in einer primitiven Stadium sehr egozentrisch handeln. In einer höheren Stufe werden wir ihre Botschaft der <u>Friedensbewahrung</u> vollends verstehen.

Die Tropen wie derzeit der Fall werden sich ändern. Wir

von heute würden sie nicht wieder wiedererkennen. Der längere, konstante Sonnenschein (z.B. 20 Stunden) wird Einfluß auf unsere Lebensführung nehmen. Wenn die Chancen gut stehen, erblühen sog. feuerresistente Gewächse überall auf dem Nordhalbkugel. Die Zukunft sieht schön aus. Wir werden keine Kleidung brauchen. Glücklicherweise müssen wir uns nicht schämen. Der Hitzetod lauert und kann bei Fieber schnell eintreten. Große Menschen ertragen die Mittagshitze schwer. Sie ziehen in der Regel zu den kühlen Orten. Diese liegen entweder auf den hohen Bergen oder auf der kühlen Seite der Welt, wo die kälteresistente Flora ideale Bedingungen vorfinden kann. Mit dem Flugzeug reist der Passagier bequem. Ach, die 24-Stunden-Einteilung eines Tages hat es schon lange gegeben. So weit wir wissen, war es nie anders gewesen. Vielleicht hatte eine 23-Stunden-Einteilung ihre Gültigkeit. Irgendeine fand Anwendung. Das würde in einem Inka-Kalender passen.

Paneuropäische Götter

Seit 1963 wurden archäologische Funde unterirdischer Städte in Anatolien und anderswo vielsagend. Alibaba und Geschichten aus Tausendundeinenacht sei Dank. Was sich dahinter verbirgt, ist ein Phänomen der zusammendriftenden Kontinentalplatten. Zwischen ihnen häufte sich das Erdreich schichtenweise. Vulkanaktivitäten begruben alte Wohnstätte. Um an das Wasser heranzukommen, suchten die Flüchtenden die Orte ihrer Kindheit wieder auf. Sie kannten sich sehr gut aus, genug für die Freilegung bis hinunter in den Boden. Über eine lange Periode dauerte das Schauspiel. Schließlich sind die sog. unterirdischen Wohnorte mit ihrem eigenen Fluß entstanden. Sie ließen sich gut durch große Steine verschließen. Für ausreichende Belüftung wurde gesorgt. Das Feuer war wichtig für das Erleuchten der Räume, zum Schlafen, Kochen, Baden, Beten. Odyseus suchte das Orakel am Mittelmeer auf. Er musste die Gängen bis weit nach unten hinabsteigen. Dort saß der Fährmann, der gegen Bezahlung den Gast über den dunklen Fluß Styx brachte. Das Jungfrau-Orakel offenbarte die Weissagung. Es musste sich nicht wirklich um eine besagte Schönheit handeln. Mit Sicherheit wohnten kleine Städter(innen). Ein weiblicher Service aus Tradition und der wertschätzenden Gastfreundschaft. Zum Beispiel wurde vorausgesagt:

                    Warum existiert alles natürliche?

"Ein Königreich wird untergehen". Für die Gläubigen traf das 100% zu. Die Priesterin gehört zur Unterwelt von Hades, ein griechischer Gott. Eines was wir nicht sofort erkennen, er war der Bruder von Zeus. Man traf die Gemeinschaftsmitglieder oberirdisch auf angelegten Feldern. Sie verfügten über Pökelfleisch, eingelegte Fische, Konserven wie wir heute sagen würde, die von ihnen hergestellt wurden. Für uns mag es schrecklich gewesen sein, ohne Tageslicht zu leben. Denken wir an Mangelerscheinungen. Die Lage der Orte war jedoch ausgezeichnet gewesen. Die Hygiene wurde sichergestellt, kurz <u>Dungbefeuerung</u>, <u>Feuerbestattung</u>. Götter besaßen eben Feuer. Hatten Früheuropäer über die meiste Zeit nicht in der Dunkelheit gelebt? Eskimos feierten nach langer Dunkelheit den ersten Sonnenschein, die Nordvölker den Mittsommer. In diesem Sinne wurden Zentralfeuer in rituellen Orten wie Stonehenge angezündet. Ringsherum tanzte die Volksgemeinschaft. Das traditionelle Fest erinnerte an die feuerentfachende Sonne. Eine zweite Interpretation spricht das lodernde Erdpol an. Europa erstreckt sich geografisch bis Asien.

Heilige Wohnstätten

Große Höhlen dienten als Wohnort. Darin sind meistens Wasser unter Tage retrospektiv Austrocknung und Feuerreste zu finden. Pyramiden bezeugen einen hohen Erfindungsgeist unter der Sonne. In ihnen wurden Gänge und alles erdenkliche ausgehöhlt. Die Pharaonen warteten darin gut geschützt vor Umweltkatastrophen bis zum neuen Erwachen im nächsten Leben, also bis zur nächsten Welt. Diese ehrfürchtige Tradition pflegten sie schon sehr lange, gewissermaßen eine Fortführung althergebrachter Hochreligionen ihrerseits. Pyramiden symbolisieren das schützende Bergmassiv. In ihnen befand sich die heilige Gemeinschaft, das heilige Wissen, die ultramoderne Zivilisation, um wenige zu nennen. So geschah es in Afrika. An ihren imposanten Tempeln fehlten die sog. Fenster. Dafür sind die Eingänge überdimensional. Feuer beleuchtete die Gebetshallen. Viel zweckmäßiger ist die Vorstellung eines konservierenden Getreidegroßkammers, welcher zeitversetzt umfunktioniert wurde. Aufbewahrt wurde Süßwasser im unterirdischen Megareservoir. Das wichtige Feuer wurde nicht nur für die Küche entfacht.

 Warum existiert alles natürliche?

Aus dem Sonnengott entsprang alle Götter und das Feuer. Pökelfleisch und Salzgemüse waren all zu gut bekannt. Öl und Salz waren notwendig im Alltag. Die Großanlagen ernährten eine religiöse Gemeinschaft. Sie möchten hinausschreien, dass eine Landwirtschaft nicht kontinuierlich verlief. Unterbrechungsdauer lagen zwischendurch. Betrachten wir nun die drei größten Pyramiden zusammen, lagen die heiligen Stätten <u>in der dreifaltigen Bergwelt</u>, d.h.

1. die 3 bewohnbaren Weltzonen (Sonnenkult)
2. die 3 Dauer einer Welt (z.B. gemäßigte)
3. das Dreifache in den neuen Welten

Im Fall Südamerikas, vollführten die Azteken heilige Zeremonien auf ihrer Pyramide. Auf den Bergen hatte die Glaubensgemeinschaft ihren Wohnsitz, z.B. in Machu Picchu. Ihr Feuergott steht für die Bedeutung des Feuers. Dies läßt im etwa so verdeutlichen:
Haben Sie eine ganze Stadt aus Lehmbauten (Chin Chin, Peru) gehört? Afrikanische Stämme insistieren heute noch auf ihr Handwerk für ihre (Tempel-) Gebäuden. Mit dem Schlamm und Ton werden Ziegel in Asien

gebrannt. Ihre Wurzel kamen aus den subsüdpolaren Zentren. In einer warmen Periode wurden Stadtanlagen mit dem formbaren Lehm errichtet, schön verziert. Während einer Glutwelle wurden sie auf natürlicher Weise gebrannt. Noch weiter südlich wurden keramische Platten und Porzellan hergestellt. Edelmetalle wurden hergestellt. Über Kanäle und Küstenschiffahrt wurden sie zu den warmen Zentren gebracht. Südamerikanische Mumien belegen die Existenz der frühesten Hochkulturen. Schwarze Kannen ähneln den schwarzen, fernöstlichen Teekannen sehr.

Das Getreide musste in großen Hallen aufbewahrt worden sein. Unweit der Pyramiden stehen meistens die Tempel. Sie waren große Kornkammer mit integriertem Schrein. Sehr wichtig waren die Gebete nach der Ernte. Der Maisgott mochte darüber wachen. Die Feuchtigkeit und der Regen brachte das Wasser auf die Bergspitze. Terrassen prägen das Bild der heiligen Stätte. Landwirtschaft wächst aufgrund eines warmen Klimas auf den Bergen. Zeitweise spürten Bewohner die unterschiedlich langen Hitzewellen. Die Gefahr konnte durch die natürliche Atmung ihrer Haut reguliert werden. Ein Tuch über dem Schultur könnte für

                    Warum existiert alles natürliche?

spirituelle Zwecke völlig ausgereicht haben oder wenn der Schnee für eine Weile zurückkam. Bei schönem Wetter können wir heutzutage hoch auf den Bergen sonnenbaden. In der Urvergangenheit war das Klima langezogen.

Kurz zum Aztekenuntergang. Montezuma war Gefangener einer hinterhältigen Erpressung. Die zahlreiche Priesterschaft und Anhänger waren handlungsunfähig. Außerdem kannten sie die Pest, die Goldgier nicht. Eigenmächtig wurde weite Teile eines alten Volkes verfolgt und versklavt, nach dem Motto Adieu, wahrer Glaube, verheißungsvoller Frieden. In Wirklichkeit häuften sich die Eroberer Reichtum und Macht für sich selbst an.

Bild Heiligtum Machu Picchu (Peru): Dreifaltige Götter

Zu Maya-Zeit wurden Götternamen laut ausgesprochen, egal wo man sich befand, was man tat oder welche Wanderschaft

Warum leben wir?

man auf sich nahm. Sicherlich mussten Gebete sehr laut vorgetragen werden, wenn die Götter unentwegt betörend laut zu hören waren. Kelten und Altchinesen verehrten den Wind- sowie Donnergott ohnehin. Die Natur hatte Macht über den Erdenbewohner. Sie sahen den Tod nicht als Schicksal an, sondern als etwas übersinnliches vom Gott des Todes, worauf die Ahnen keinen Einfluß hatten. Die Toten sind die Vorfahren. Sie sind nach dem Tod immer noch von individueller Wichtigkeit. Wir können die erlebte Vergangenheit nicht ausblenden. Sie ist ein Teil im Leben, nicht sinnvoll zu verzweifeln. Der Mut beschützt starke Persönlichkeiten in Ergänzung zu der Angst der schwachen, die Gefahren ausweichen. Im Furcht steckt die Dunkelheit, weil das Auge zur Gefahrenerkennung faktisch ausfällt. Der leise Tod kann sofort eintreten. Das ereignete sich im südlichen Maya-Gebiet eines bekannten und berüchtigten, dunklen Herrschers (im Glauben fest verankert). Eine traditionelle Quelle berichtete vom hochgelegenen Kulturzentrum der Riesen bei Cusco oder nördlich davon.

Monolithische Bauwerkreste könnten in der Tat von Riesen geschaffen worden sein, insbesondere bei einer

Größe ab 2,50 Meter. Uns kommt diese Größe nicht riesig vor, weil wir sozusagen Mischlinge aus einer Masse der Klein- und Großwüchsigen sind. Nach der Kreuzungsversuche der Mönche im Mittelalter mit Blumen stellte sich heraus, dass manche ursprüngliche Arten sich nach vielen Generationen gelegentlich zum Vorschein kamen, also genetisch wiedergeboren werden. Eltern von Albinos der afrikanischen Stämmen hatten mit der Angst zu tun, was für Kinder bei ihnen heranwuchsen. In Wirklichkeit waren Teile der Afrikaner vor sehr vielen Generationen weiß. Wenige kommen mit Körpergröße ab 2 Meter auf die Welt. Auf dem Amerikanischen Kontinent lebten je nach Urzonen sehr große und sehr kleine Bewohner. Dementsprechend sahen ihre heilige Bauanlagen aus. Doch alle hatten das selbe Wissen, Momumente für die Götter zu errichten. Noch gravierender sehen die heiligen Steinsiedlungen auf hohen Lagen Indiens aus. Sie wurden von einer körperlich kleinen Gemeinschaft benutzt. Ungroße, schwere Steinplattenbehausungen mit lediglich einem runden Eingang nach Westen hin waren einerseits Kornkammer, andererseits wurden drinnen gebetet.

In Ägypten sitzen tonnenschwere Monolithe auf dem

Fundament von Monumentalbauten. Dort wohnten ebenfalls groß gewachsene Vorfahren. Eine gut erhaltene Grabanlage von Nefertari deutet auf den dunklen Himmel mit Sternen und den weißen Schnee. Die sehr lange Finsternis wurde schließlich von der Sonne bestrahlt (goldene Hieroglyphen auf schwarzem Hintergrund). Viele Schlangen zieren die Wände. Schlangen sind Teil der Insignien auf der Krone. Eine Statue sagt mehr als Tausend Worte, welche Bedeutung der Pharaonenbart hatte. Er scheint ursprünglich der Schlangenhals zu sein. Zusammen mit Mähnenkopf symbosieren sie die Abstammung des Löwen- und Schlangengottes. Am Anfang ihrer Kultur waren die Frühägypter größer vom Statur. Sie hatten keine Probleme mit den kleineren Frühbewohner aus dem Süden. Auf den gemeißelten Bildern wurden die Pharaonen stellvertretend für die Gesellschaft am Obernil großdimensional verherrlicht. Der Hintergrund hat einen realen Bezug, was die Körpergröße anbelangt. In der Ära Davids bauten die größeren Erdlinge den heiligen Komplex in Jerusalem, obwohl besagter als biblischer Zwerg beschrieben wurde. Auf dem Areal befindet sich aktuell eine Moschee. Ihre Farbbetonung

                    Warum existiert alles natürliche?

suggeriert weiß für Schnee am unteren Teil. Oberhalb ist der blaue Himmel mit Wolken und Sonnenstrahlen

aufgemalt. Unter dem Kuppel thront die Sonne. Auf dem Arabischen Halbinsel prägte Schnee vor sehr langer Zeit die Landschaft. Die Moscheen befanden sich, auf jeden Fall vor 1400 Jahren, auf hohen Lagen. Der Tempelkomplex saß hoch oben auf einem Felsen.

Bild Nasca-Linien: Sonnenstrahlen (Geraden) erschufen die Tierwelt

Auf dem amerikanischen Kontinent ausgeweitet, müssten die große Menschen in Mexiko bzw. Süd-USA beheimatet sein. Große Adlerpfähle der Indianer beweisen, sie waren ehemals sehr groß im Statur gewesen. Azteken behaupteten, sie kämen aus dem Süden und fanden die Anlagen von Teotihuacan vor. Dennoch stammen die Pyramiden aus einer früheren Ausdehnung aus dem Süden. Riesen hätten die erforderliche Kraft, Riesensteine auf die Kernanlage zu hieven. Mayas sowie Inkas hätten die technische Realisierung vor Auge. Entgegen der afrikanischen, asiatischen und indischen Platten kollidierten Süd- und Nordamerika mit keinem zusammen. Einzig die Ausläufer der San-Andreas-Graben Kaliforniens lassen uns die Ostfront einer großen, pazifischen Platte erahnen. Hierdurch wurden die Salzseen auf die Hochplateaus hochgeschoben. Das frühere Mexiko zwischen zwei Ozeanen war nicht sehr lange von Schnee bedeckt. Am Ende einer fruchtbarsten Blütezeit verteilten sich die Zivilisten über das nördliche Gebiet. Ihre Megastadt konnte längerfristig nicht erhalten werden, zumal die Landschaft sich landeinwärts lichtete. Nach der spanischen Eroberung waren die Meerebestände stark dezimiert.

Auf das Gebiet des Grand Canyons bezogen, sind Spuren vorhanden, die auf ansässige Kulturen hindeuten. Sie hatten sich ihrerseits in den südlichen Regionen bis nach Cusco niedergelassen. Ihre Körper waren groß gebaut (Siehe Indianer). Das Pyramidenkomplex in El Tajín, Mexiko, spiegelt eindrucksvoll die besiedelten Bergregionen hoch über den Gletschern wieder. Gepflasterte Anlagenwege

         Warum existiert alles natürliche?

haben das typische Muster und markieren die Bergschluchten. Die prächtigen Stufen zweier schönen Pyramiden zeigen auf den Norden und Osten, insofern die vorgegebene <u>Gebetsrichtungen</u> zweier Götter. Dahin zogen es die vielen Andenhochkulturen. Was die westliche Sonnenpyramidenausrichtung Teotihuacans anbelangt, lag die abgeschwächte Gluthitze zur Zeit der Erbauung immer noch an der Westküste. Neben der Atacama- sind die Mojave- und Sonara-Wüste aufzuzählen. Geowissenschaftlich betrachtet, werden die amerikanische Platten in beträchtlichen Welten gegen die europäisch-afrikanische Platten kollidieren. Von der Ausweitung des pazifischen Ozeans ist auszugehen. Zwischen 2 Welten finden kontinentale Drehausrichtungen statt. Zum Beispiel wird das indische Subkontinent zurück auf seine neue Ausgangslage bewegen. Genauso wird es Europa+Asien, arabischer Halbinsel, Afrika, Australien betreffen. Berge heben und senken sich mit der Zeit.

Auf den Inseln können wir sehr gut nachverfolgen, wie Urstürme hohe Berge längerfristig abtrugen und Urwellen das Erdreich formte. Ähnlich aussehender Halsschmuck der ursprünglichen Osterinsulaner wurde in gleicher Weise für spirituelle Zwecke verwendet. Bisherige Annahme über eine einzige, berichtete Inka-Irrfahrt von der Küste Südamerikas aus muss ergänzt werden. Über ehemals kleinere Inseln konnte eine lange Kulturpflege aufrechterhalten werden. Schließlich versanken die Stützpunkte im Pazifik. Keine Markierung war mehr vorhanden. Der Wissensaustausch ebnete. Osterinsel war seit dem von der entfernten Festland abgeschnitten. Die Bevölkerung des Eilands war auf sich selbst angewiesen. Weiter zurück in der Zeit lagen mehrere Kontinente nah zusammen am Südpol. Über der Arktis befand sich der große Ur-Nord-Ozean.

Laut dem Bibel sind wir Kinder Gottes. Juden sind Kinder Gottes. Den Islam bezeichnen wir als eine junge Weltreligion, gegründet vor ~1400 Jahre. Seine Vorläufergeschichte reicht nichtsdestotrotz sehr lang zurück. Ihre Almosen dürfen sich nicht nur auf die eigenen Glaubensangehörigen beschränken. Juden, Christen und Moslems lebten unter den frühen Sultanen friedlich nebeneinander. Diese fundamental einhellige Einstellung erlaubte dem Islam die Verbreitung auf Indonesien, Malysia. Hier wird die _Güte_ vorgelebt, denn

                    Warum existiert alles natürliche?

Fremdgesellschaften sind vielfach größer als die eigene. Die Praktizierung hatte den Juden, Christen bekehrt.

Bild Schneeflocken:Unterschiedlich klein, groß, urgroß

Kommen wir zu dem heiligen Komplex in Hampi. Ein Tempel sticht aus dem Ganzen heraus. Im inneren wurde die Sonne auf der Decke verewigt. Viele <u>Säulen</u> schmückten den sehr alten Steinbau. Sie stützen erstens das schwere Dach. Insbesondere sind sie die Manifestation der Bäume mit Blätter und Wurzelwerk. Das <u>heilige Gebäude</u> ist ein Abbild des atmosphärisch bewohnbaren Erdteils. In den obersten Luftschichten ist der Sauerstoff zu dünn. Als die Berge noch nicht sehr hoch waren, hatten alle Berge ausreichend O_2. Bäume mit Wurzel und Blattwerk sind absolut heilig. Unterschiedlich hohe Tempel sagen etwas über die Körpergröße der Anhänger aus. Fraglich sind zunächst die Fenster mit Löcher einiger Bauwerke. Sie könnten, von innen gesehen, Sterne repräsentieren. Das Vorhandensein von einem Haupteingang würde bedeuten, im Innenraum war es recht dunkel. In Zeiten sehr heller Sonnenstrahlen und sehr starker Hitze ist Kühle hoch gefragt. Die vielen Fensterlöcher schützten vor der Erblindung. Eine zweite Interpretation ist der Nachthimmel am Fenster und die Sonne am Eingang. Das würde heißen, der Eingang hatte keine Tür. Um in einer Folge-Epoche beten zu können, musste die Beleuchtung durch das Entfachen des Feuers sichergestellt sein. Die ursprünglich funktionale Kornspeicherung einiger fast hermetisch geschlossener Altbauten war notwendig. Auf der Anlage befinden sich wunderschöne, kleine Weihseen. Bis zu einem Fluß musste man nicht weit laufen. Die Bedeutung von Säulen ist weltweit einzigartig und identisch stützend. Dicke und dünne sagen etwas über die Baumarten aus. Weiße Tempel Indiens bilden die schneebedeckten Berge ab.

Die Untertagelebensart hatte sich nicht durchgesetzt. Sie ist das Synonym für den sicheren Tod. Auch wenn Wasser und Luft vorhanden war, konnte einzig die Landwirtschaft eine große Menge Menschen ernähren. Die nachaktive Tierwelt siedelte sich in den dunklen, bewohnbaren Zonen. Zu ihnen zählten die Spinnen. Von klein, harmlos über mittelgroß bis riesig, sie jagten mit besonderen Sinnen. Schlangen werden durch fleischauflösende Injektionen ausgesaugt. Diese wiederum können in der absoluten Dunkelheit Flugmäuse fangen.

17. Alte Nordvölker. Vergangene Forschungsergebnisse in Nordamerika hoben die gemeinsame Besiedelungswellen an der arktischen Grenze hervor. Kanadische Indianerfischer jagten beispielsweise kleine, große und große Tiefseelebewesen. Vorinkas spezialisierten sich auf sie. Ihre Technologien waren der Zeit voraus. Norwegische Urvertreter wandten (geschätzt vor 7000 Jahren) fast identische Jagdmethoden an. Lange vor uns schnitt ein gewöhnliches Wikingerschiff Wellen, war leicht in der Bauweise und außergewöhnlich schnell. Zusätzlich war ein Mast zum Segeln angebracht. Die Konstruktion erlaubte die Ausnutzung des Windes. Vergleichbar flotte Kanuboote besaßen die Küstenvölker Ostkanadas. Beide Bootsarten wurden mit Manneskraft angetrieben. Ohne Mast rasten die Polynesier über das Meer. Starke Stürme degradieren Masten zu Balast. Schnelligkeit überragte die Flüchtenden, wenn eine drohende

Hitzegroßwelle sich ankündigte. Zweibeiner, Vierbeiner (... Antilope, Januar, Panther, Löwe) können schnell laufen.

Bild Costa del Sol: Hatte in Südamerika eine ursprüngliche Bedeutung

6.6 Reale Visionen

Heilige Gemeinschaften Indiens verewigten die wichtigen Aspekte des Lebens. Im Grunde beinhalten ihre Gebete das Gemeinte aus vielen Vorläufersprachen. Im Alltag ändern sich die Verwendung des Gesprochenen ständig. Neue Begriffe kommen hinzu. Etwas soll beschrieben werden, das aus der Vorzeit bereits existierte. Neue Sprachen entstehen. Ganz alte gerieten allmählich in Vergessenheit. Die gewandelte Worte hatten originelle Bezüge. Je mehr alte Sprachen wir verstehen können, umso mehr können wir daraus ablesen. Stichwort Sanskrit, Pali usw. Alte Gelehrte beherrschten die alte Schreibweise. Sie hatten vieles

                    Warum existiert alles natürliche?

übersetzt. Natürlich sind die Bedeutungen auf einen kleinen Kern erhalten geblieben. Mit jedem neuen Wortschatz, gehen zwei-, drei-, vierfach alte verloren. Ohne schriftliche Hinterlassenschaften haben wir i.a. Möglichkeiten, die Intelligenz der ursprünglichen Völker aufzuzeigen. Beispiel Neuguinea. Sein einfaches Volk führte dem Anschein nach ein primitives Dasein. Bei genauem Hinsehen fällt ihre Heiratstradition auf. Die Eheleute mussten aus zwei verschiedenen Stämmen kommen. Das Zusammenleben galt sonst als Inzest. Bekannte Amazona-Indianer verließen zwecks Vermählung ihren Clan radikal. Das würde heißen, der typische Pariser darf keine typische Pariserin heiraten und umgekehrt. Nicht einmal in der westlichen Gesellschaft kommen wir auf die Idee, solche Ehen als Inzest zu bezeichnen. Diese einfache Praxis ist folgerichtig, denn ein isolierter Familienstamm wuchs im Laufe der Zeit. Aus Schottland hören wir die übliche Aussage in Filmen: "Ich bin McCloud vom Clan der McClouds", soll heißen, ich bin einer von ihnen aus dem Highland. Ohne Fremdlinge als Partner häufen sich Mißbildungen und allerlei schlimme Auffälligkeiten.

1 – Südliche Evolution

Ein 40.000 Jahre datierter Mammutfund vor der Küste Sibiriens sticht aus der zurückziehenden Permafrost hervor. Das Tier ernährte sich von den sehr spärlichen Nordpflanzen. Zu seiner Zeit wanderte er auf seinem Stammgebiet. Sein dichtes Fell schützte ihn gut. Unter seinen Füssen erstreckte sich das Eis. Der Boden gefror im Winter. Über die meiste Zeit des Jahres löste er sich nicht auf. Der Sommer war schon längst verschwunden. Frühlingsblumen lockte die Tiere heran. Die schweren Tiere benötigten viel grünes. Sie hatten ständig Hunger und laufen viel. Im Zuge des anfänglichen Permafrostes weichte an manchen Stellen der Boden auf. Der Mammut verfing sich mit seinen Beinen im eingebrochen Schlamm. Für ihn gab es keine Hilfe. Bei Massenschneefällen wurde er über die lange Nacht schockgefrostet. Ungefähr so musste sich sein Unfall ereignet haben. Die Küste befand sich nicht in der arktischen Zone wie vor 500 Jahren. Die asiatische Platte war südlich gelegen. In Kontinentalasien erfuhr die Permafrost konstante Kälte. Unsere Elefanten haben eine annähernd glatte Dickhaut. Sie haben die Urhitze

                    Warum existiert alles natürliche?

der großen Südwarmzeit erfahren.

Wir Menschen haben eine glatte Dünnhaut. Daraus folgt, Riesen hatten mehr Haare auf der männlichen Brust. Zweibeiner hielten sich in wärmeren Gegenden auf. Viele Welten lang wanderten und liefen wir in der Kälte, insbesonders aber auf dem heißen Sand. Daher kannten wir buchstäblich die brennende Sonne extrem gut. Wir fürchteten uns vor dem alles verschlungenen Todesfeuer. Der diesbezügliche Inka-Gott des Todes nimmt alle Laufenden auf, sobald sie alt, schwach, krank werden, Hungernden, Unvorsichtigen.

Bild Sternwarte: Das Hubble-Teleskop ist bisher das beste Instrument, gebaut für unsere Augen. Infrarot und Radiowellen geben uns Zusatzinformationen. Sonnenwinde müssen genau analysiert werden.

Wir erlauben uns, etwas über die Mykenen zu korriegieren. Ihr Akropolis wurde mit großen, passgenau bearbeiteten Steinen errichtet. Sie hatten kein Zement gebraucht und kein Spalt war zu sehen.

Zum Beispiel bewegten sie 15 Tonnen schwere Deckplatten. Nach unserem Verständnis waren sie eine Masse. Das vorgriechische Volk bewohnte den gesamten Inselraum. Das kleine Mittelmeer befand sich in seiner Anfangsphase. Afrika war mit Europa verbunden. Mit den Wärmeperioden über der Sahelzone schmolzen die Gletscher und füllten den Tümpel Mittelmeer, der sich durch die Tektonik erweiterte. Das Meer bildete sich mit Vulkanaktivitäten. Spanien sowie Italien waren mit Afrika verbunden. Griechenland war ohne Insel, Zypern durchgehend zum Festland. Kulturell lehnte sich die minoische Schrift an die ägyptische Hieroglyphen an. Die goldene Maske von Agamemnon spiegelt sich in der des Pharao wieder. Es handelt sich um Kultobjekte. Praktisch im Alltag, nur Priester, Priesterinnen, Krieger trugen leichte, zeremonielle Kleidung auf ihrer Akropolis. Ihre runde Gräber mit Kuppeldecke wollen sagen: Die glühende Sonnenhitzeluft verursachte Tote unter den Gläubigen. Von daher führte eine Schacht zu einer unterirdischen Brunnen. Das Quellwasser zog sich immer weiter zurück. Warum, hängt mit der Auflösung einer Bergkette zusammen. Die dehnbare <u>Landspaltung</u> schuf

                    Warum existiert alles natürliche?

Meeresvertiefungen. Zusätzlich rutschten kleine (Insel-) Berge auseinander und versankten teilweise unter dem Meeresspiegel. Ufer sowie Buchten gingen mit unter. Unter tektonischer Aktivitäten zogen sich nördliche Landmassen in die Länge. Kanal-Ufer und Britische Insel gleiteten zum tieferen Seeuntergrund, nachdem sie sich in der Vorwelt verdichtet hatten. Kleine Meere und Seen entstanden. Alle diese Landflächen waren höher angesiedelt. Ausgleichsweise erhoben sich lose Berge zu hoher Bergkette. Stichwort weiße Berge Afrikas. Dieser geologische Langprozeß ist möglich, weil der Boden unter den massiven Bergen heiß ist. Darunter befindet sich flüssiges Magma.

Das kulturübergreifende Glaubensbekenntnis resultierte mitunter aus einem Urstamm, der sich auf der ostafrikanischen Platte angesiedelt hatte. Zahlreiche Seen führen Salzwasser, ein Hinweis für eine tektonische Kollision aus dem Indischen Ozean. Es ist ein Prozess, der sich über viele Welten lang dynamisch vollzog. Nach einem Zusammenstoß einer kleineren Platte in einer Phase normalisierten sich seine Kräfte in einem Folgezeitraum wieder. Ein Zwischenmeer wird wieder entstehen. Eine Hochlagenkultur konnte sich über mehrere Epochen besten Schutz auf Atlantis sichern. Die Insel sank stetig und löste sich unaufhörlich vom Festland. Deshalb lagen Asien eng mit Australien zusammen, wobei dazwischen die Landmassen gestaucht wurden.

Diese Gegebenheit veranlaßte die vermischte Vorsudankultur, sich landeinwärts, also über ganz Afrika zu etablieren. Das Nilwasser enthält einen geringen Anteil an Salz. Im trockenen Sand konzentrierte es sich in den alten Gemäuern im Königstal. Die Heiligen hatten sich am Fluß entlang ihre Heimat aufgebaut. Sie waren von den Bergen hinabgestiegen. Innerhalb einer Weltdauer war die hohe <u>Einheitsreligion</u> sehr fest in allen Kulturen verankert. Sie schwächt sich in einer gemäßigten Zeitabschnitt. Der Vielglaube spaltet sich in mehrere Bestandteile auf. Jede Kultur geht seinen eigenen Weg. Wenn nichts gravierendes passiert, werden die Konfessionen sich verflüchtigen. Wir hätten dann für nichts und wieder nichts gebetet. Bei dem Zeichen einer globalen Veränderung, die jeder mit den eigenen Augen sehen, mit den Sinnen fühlen, mit den

Finger ertasten, mit den Ohren hören, mit der Nase erriechen, mit dem Mund schmecken, mit der Körperkraft spüren kann, werden wir wieder an die Wahrheiten in den Religionen glauben. Im Chaos glauben wir niemandem. Nur die Götter werden uns leiten und sie werden wieder erscheinen, um uns die Kernwerte nahezubringen. Natürlich sind sie nicht solche, an die wir gegenwärtig glauben. Praktizierende achten auf die Naturphänomene sowie himmlische Konstellationen auf dem Boden der Tatsache. Die Reinheit des Wassers, der Nährwert des Essens, die Medikamentenwirksamkeit, globale Häufung von unheilbaren Krankheiten, der Verzicht auf Maschinennutzung, u.ä. geben uns die Indizien. Wir werden keine Vergleichswerte besitzen, um vergleichen zu können. In der Desorientierung wird der Glaube in uns wieder stark werden. Die mentalen Konfessionen vereinigen sich am Ende einer Welt zu einer wahrhaften, praktischen, unerschütterlichen Religion. Nicht Kalkül, Taktik, Überlegenheit, Überzeugung führen uns zu dem Ergebnis. Ein Schar von periodischen Naturgewalten bringen uns zur Einsicht. In hinuistischen Texten sind die Vorstufen zur Erkennung von fest eingeteilten

Perioden aufgeschrieben, welche die Merkmale in sichtbaren Himmelskonstellationen erläutern. Die lateinamerikanische Urpriester beschrieben sie im Kalender. Die Götterstatuen auf der Osterinsel könnten uns ihre Botschaften erzählen. Sie saßen auf verschiedene Höhen um den Berg.

Bild Sonne: Planeten und Asteroidengürtel sind im System eingegliedert, System in seiner Galaxie, Galaxie vermutlich in ihrer Tritonie. Wenn abkühlbar, kann die Sonne nicht zum Roten Riesen werden. Die Erde ist abkühlbar, der Mond ebenso.

2 - Tugendenmaxime

Die Kunst liegt darin, den heiligen Inhalt zu verstehen. Es obliegt nicht in unserem Ermessen, etwas fremdartiges wegzulassen, zu ignorieren oder mit dem alten Denkmuster zu ersetzen. Während der kulturellen Isolationen gestaltete sich die Kommunikation untereinander als sehr problematisch. Kein Austausch von Nachrichten zog den Verlust der Sprache auf sich. Die Denkorgane verkümmerten. Ein Zurückfallen in der Evolution war die Folge. Zentren mit intensiver Sprachpflege konnten mit Glück die Schrift in ihrem Erhaltungszustand retten. Nie war es einfach gewesen, alle Facetten in der Religion zu verstehen. Lebenslanges Studieren verwandelte sich beispielsweise zum festen Glauben.

Spiritualität & Fakten

Fakten stehen in der Spiritualität und umgekehrt bezieht sich die Wahrheit auf die Geistlichkeit. Welche Aufgaben vertrauen wir den konfessionellen Fürsorgern an? In erster Linie behält eine Glaubensgemeinschaft u.a. die Sprache, die Schrift, die edlen Werte. Spiritualität ist nicht einfach Beten und das Ausblenden schmerzhafter Tatsachen. Das Christentum übernahm viele nützliche Praktiken fremder Konfessionen und interpretierte sie zu seinen eigenen Werten, etwa Mathematik & Heilkunst aus dem Orient, Sternkunde aus vielen Teilen der Welt. Um zu verstehen, welche Merkmale zu welchem realen Hintergrund gehören, ist es erforderlich, den Ursprung zu erfassen. Beispiel, das Errichten einer Kathedrale unterschied sich nicht von der Bauweise der minoischen Akropolis vor mindestens 3500 Jahren.

Beginnen wir mit der südamerikanischen Naturreligion. Naturgötter beziehen sich auf die sichtbaren Erscheinungen auf der Erde. Die Sonne steht für den Sonnengott. Der Südwind war der Südwindgott, der Urdonner der Donnergott. Der Blitz ist der Blitzgott. Die Liste läßt sich fortsetzen. Periodisch kamen weitere Götter hinzu. Als die Priesterschaft fest an die tödliche Tradition der Sonne im Aztekenreich festhielt, kamen längst Zweifel an der Praxis der sinnlosen Menschopfer. In der Religion starb eine Jungfrau nicht als Einzelperson, aber stellvertretend für Menschen. Wir starben unter der Sonne.

In der Bibel sprach Gott mit Abraham. Er symbolisiert den Gläubigen. Viel deutlicher finden wir den Menschenbezug in den hinduistischen und buddhistischen Texten. Wenn von mitfühlenden Wesen gesprochen wird, meinen wir die Fauna zusammen mit der Flora. Ein Impuls kann Gehirnareale oder Muskeln (Reflex) aktivieren. Blätter richten sich nach den

   Warum existiert alles natürliche?

Sonnenstrahlen aus. In der Kälte rollen sie sich zusammen. Pflanzen entwickelten Bitterstoffe und Strategien gegen den gefräßigen Feind. Sowohl Tiere (Menschen) als auch die Vegetation durchlaufen einen endlosen, evolutionären Prozeß. Unsere fünf Sinneswahrnehmungen landen gebündelt im Zentralgehirn. Sie beeinflußen unser Handeln. Die fundmentale Sichtweise erklärt den Glauben an die Sternengötter. Sie sind die Sonnen-, lebende Götter in ihrem Sonnensystem. Auf den sichtbaren Planeten wohnen unbekannte Lebewesen, z.B. Venus, Mars, Jupiter, Saturn ... Die meisten haben eine Gasatmosphäre. Wo gasförmige Wolken, da Wind, Sand, Steine. Die außerirdischen Spezien leben in der Luft, in flüssigen Elementen. Kommt Zeit, verdunstet die Flüssigkeiten, bläßt sich ihre Atmosphäre um ein Vielfaches auf und verteilt sich im Weltraum. Megatornados pusten pausenlos das Flüchtige womöglich bis zum Nachbarplaneten. Hierdurch gelangen die biologische Mikroarten auf Kometen und werden im Kosmos verteilt.

Stellen wir uns die mehrfach stärkere Sonne vor. Das Leben würde sich am Rande des Sonnensystems konzentrieren. Mit der Verringerung der Strahlkraft gedieh das Leben auf dem nächst näheren Planeten. Dementsprechend wird aus der Venus irgendwann die <u>neue Erde</u> der Zukunft werden. Seine Meere verflüchtigten sich und füllten sich mit seiner atmosphärischen Verdichtung zyklisch nochmals. Der kleinere Mars wird derzeit erforscht, allerdings hatte die Solarintensität nachgelassen. Er war die schöne Heimat fremder Lebensformen. Seine Ursuppe ist verdampft. Gewiss könnte sie sich für einen kosmischen Moment wieder in den Senken bilden. Wie läßt sich diese planetarische Konstellationen beweisen? Nun, die Wissenschaft und Mathematik entsprang den religiösen Überzeugungen. Sie entsprechen richtig angewandt der Wahrheit.

Bild Mond: Berge und Täler auf Ceres, Triton, Pluto zeugen von einstigen Vulkan-Aktivitäten. Winde prägen das Gesicht der Planeten. Sie blasen Jupiter, Saturn (Pluto) zu Gasriesen mit Ringe auf. Kein Wunder, dass die Sonne Asteroiden- und Kuipergürtel besitzt. Daher sind Sonnensysteme, Galaxien, eine Tritonie recht ähnlich flach geordnet. Monde entstanden mit Hilfe

Fester Glaube

Ironie des Schicksals, unsere unfassbare, reale Umwelteindrücke steuern den festen Glauben. In einer ruhigen Umgebung verschwindet er. Wir müssen lange meditieren, um einen höheren, überwältigenden Geisteszustand zu erreichen. Lebenslanges Studien und Forschen für einen wohltätigen Zweck ist wohl der passende Ausdruck. Buddhisten fassen diese Leittätigkeiten des Rechten Handelns zusammen.

Um den Glauben zu festigen, besteht mehrere Möglichkeiten. Erstens der absolute Anspruch. Die Überzeugung bestand darin, eine Theorie als wahr anzunehmen, ohne jemals nach dem Grund zu fragen. Zum Glück leben wir heute in der Demokratie. Sie erlaubt viele Ansichten. In der Frühzeit waren die Anhänger der Mond-, Erdgöttin, des Jupitergottes etc., die ihre Meinungen in eine Versammlung einbrachten. Der Erfolg war garantiert, denn die wahren Götter bekämpfen sich nicht gegenseitig. Ein Ratbeschluß war eine heilige Angelegenheit.

Eine zweite Möglichkeit, den Glauben zu stärken, offenbart sich in der richtigen Prinzipientreue. Worin liegt die Ursache des Leidens eines jeden? Eine Krankheit, das Gebrechen, schwerer Autounfall, falsche Handlung, eine These uvm. könnte uns sinnlose Schmerzen bereiten. Will man das starke, frustierende Gefühl unterdrücken, auf einer Erdscheibe zu leben, muss man die Annahme revidieren. Etwas alternatives muss der Grund sein, worauf wir Tag für Tag laufen. Je weiter wir rennen, umso mehr wissen wir, ob wir an eine Grenze stoßen. Unsere Füße sagen uns, ob wir die Frust ablegen können. Nach der Feststellung haben wir die Gewissheit. Dafür sind wir lang genug gelaufen. Laufen wir alleine, benötigen wir viel wertvolle Zeit. Arbeiten wir zusammen, läuft jeder Teilnehmer seine Strecke. Schiffe übernahmen die Überprüfung. Genau die Mathematik machen die Hochkulturen aus (Amerika, Afrika, Asien, Australien, Insel mit Altzahlensystem).

In Buddhistischen Versen heißt es dazu, dass ein großartiger Gott während seiner Verweildauer ewig das höchste Sutra hört. Das ist eine feste Zuversicht und

                    Warum existiert alles natürliche?

bedeutet, die von Heiligen geschaffene Religion entspricht das höchste Gut. Die Zukunftsmenschen werden nicht untergehen. Am Universalprinzip hatten Götter keinen Zweifel. Irdisch zugewandte versammelten sich zum Gebet in der Vorwelt, wo übergroße Bäume wuchsen. Jenseits vergleichbares gab es keine Götter, keine Dämonen, keine bösen Geister, keine hungrige Seelen, keine Berge, kein Wasser, keine Täler – mit einem Wort – menschliche Nullexistenzen. In jener Urzeit waren Urmenschen längst aus den südlichsten Zonen weggezogen. Daraus können wir ableiten, dass die entfernten Zunkunftsbürger nach uns aus den nördlichen Hitzezonen wegziehen werden. Wo werden unsere Ziele sein? Nicht zuletzt bei den Riesengewächsen. Im erweiterten Sinn zählen groß gewachsene Schlangen als Vertreter aus kalten Zonen, Lotus stellvertretend für Süßwasserpflanzen, bedeckt gemäßigte Atmosphäre zwischen finsterer Permafrost und hellster -hitze dazu. Siehe altes Yoga zur Visualisierung der Bewußtseinsebenen. Das Einhalten der westlichen Gebetsrichtung bei Sonnenuntergang (wärmste Zeit des Tages) fällt einem in der Kälte leichter. Bei Morgendämmerung wird der Betende bei starkem Licht nicht geblendet (lange Nächte oder Tage). Der Glaube führt uns zu den Weideplätzen.

Wahrheiten sind Fakten

Wahrheit oder nicht. Unser normales Bedürfnis nach Gesellschaft irrt sich nie. Wir schwimmen in der Masse. Abweichler bezahlen mit dem Leben. Jedoch fischen wir einen Schwarm anstelle der Abtrünnigen. Immer häufiger, Andersgläubige beziehen sich auf das Christliche Idealbild ohne je von der Lehre etwas gelernt zu haben. Den Bibel in einer Woche in- und auswendig zu studieren ist ein Ding der Unmöglichkeit. Die Bibel lehrt uns, die Wahrheiten (Gottes) zu verkünden. Ist es eine Sünde, einen bösen Stifter für uns selbst zu erkennen? Ganz nebenbei, wir identifizieren uns viel zu sehr auf uns selbst. In den Gebeten kommt der Individualist nicht vor. Wir nennen unseren Namen von uns aus, wollen vor dem Unheil beschützt werden. Dabei verursachen wir es geradezu serienmäßig, d.h. irgendjemand kommt immer auf solche Gedanken. Das Absurde daran, der Gesetzeshüter kann nicht zum Priester gehen und von ihm verlangen, bei der Wahrheit

              Warum existiert alles natürliche?

zu bleiben. Wie priesterlich beide sind, läßt sich anhand ihrer Überzeugung feststellen. Die Kirche hat sich längst aus vielen Bereichen zurückgezogen. Ihr Grundbesitz stand zur Enteignung zur Diskussion. Wir müssen uns fragen, sind Ultrakonservativen christlich geneigt? Sind sie vom Verfall gekennzeichnet? Konservativ labil (inwärts, -ländisch) ist nicht gleich konservativ stabil (auswärts, -ländisch). Es lohnt sich, erneut in die Bibel zu investieren. Im Gericht schwören wir, die (heilige) Wahrheit zu sagen und nichts als den einzigen Glauben. Das Verschweigen bringt definitiv keine Tatsachen ans Tageslicht. Sie dient der Verteidigung. Dieses Wehrverhalten kann Unschuldige belasten. Täter und Mitläufer werden natürlich die Schuld weit von sich weisen. Verschweigt die Mehrheit eine Tatsache, haben wir schlimmes zu befürchten. Ein Krieg könnte sich anbahnen. Sind wir nicht alle Kinder Gottes? In der Verneinung steckt die Unwahrheit.

Bild Dino: Riesen von Ursäuger und Urbäume hatten ein leichtes Spiel, als die Erde sich schneller drehte.

Der Teufel

Das Gegenbild eines sterblichen Gottes. Siehe Hades. In vielen Kulturen galt er als das tödliche Finsternis, aus dem Niemand entkommen kann. Die dämonische Natur vernichtet die Unschuldigen. Was für eine Rolle spielte der gefallene Engel, genannt Satan? Die Gesandten der Lüfte waren die Vogelgottheiten Ägyptens und der Hochkulturen im Orient. Sie beschützten die heilige Schrift. Von jeher führten sie die Urmenschen zu den Weideplätzen. Da waren Vögel und der Garuda heilige Wesen. Zwischen den Anhängern der verschiedenen Gottheiten Altindiens entfachte ein Krieg, der bis heute dauert. In Sigiriya können wir gut nachverfolgen, dass der Garuda-, Schlangenkult zerstört wurde. Sie blieben Dank Verbreitung Beschützer der heiligen Anlagen. Alexander der Große kannte den Löwengott der Altägypter, ebenso ihre Vogelgottheit. Das Wissen der Altgriechen war zu jener Zeit sehr verbreitet. Umgekehrt gelang die Bekanntschaft mit der Induskultur. Sie bereicherte das antike Bild. Es ist sehr wahrscheinlich, dass die Gelehrten sich vom Hinduismus bis zu einem Limit inspirieren lassen. Fremdeinflüsse

 Warum existiert alles natürliche?

übten eine seltene Anziehungskraft aus. Bei Taj Mahal können wir die prächtige, achitektonische Meisterarbeit unter den Mogulherrschern nicht hinwegsehen. Für sie war die Sonne allgegenwärtig. Der Löwe reihte sich zu den vielen Lebewesen. In der Audienzhalle eines Moguls in Fatehpur Sikri steht symbolisch der Baum der Erkenntnis mit seinem Stamm und weitverzweigten Blätterwerk (keine Äpfel). Religiöse Debatten in Versammlungen versinnbildlichte ihre hohe Bedeutung.

Codex Gigas

Einer zweiten Version zu Folge wurde der Teufel in einem Buch abgebildet, dessen Inhalt der breiten Bevölkerung im Mittelalter des 14. Jahrhundert (dem Adel) bekannt war. Das Bild Satans sieht einer evolutionären Deinonychus bzw. Sinornithosaurus sehr ähnlich, jener Urzeitvogel mit wenig Feder. Bei starken, gleichmäßigen Winden könnte er leicht fliegen. Irgendwann blieben die Stürme aus und das Tier gewegte sich auf der Erde. Woher das Wissen über die Flugeigenschaft stammte, läßt sich aus dem Codex Gigas (Teufelsbibel) entnehmen. Das überaus große

Buch vermittelt den wichtigen Glauben der Früharaber. Die beauftragten Theologen wußten sehr gut darüber bescheid. Sie kopierten nicht das ganze Buch, das wäre ein falscher Ausdruck, sie hielten sich eng an die heilige Schrift. Was biblisch ist, kann nicht teuflisch sein. Es handelte sich um eine mittelalterliche Übersetzung eines weitentwickelten Buches im Bestand des Orients. Bildliche Zierbuchstaben darin sind eindeutig vom Arabischen Ursprung. Der weiße Umschlag und die weißen Seiten bedeuten, jene bewohnte Welt der Bibel war von Schnee umhüllt.

Religiöses weiß = sakral

Einflüsse aus Altägypten in der Verwendung von Pergament sind nicht zu übersehen. Die Schrift auf den ersten Seiten beschreibt den Exodus mit Querverweis auf den hebräischen Glauben. Farbliche Untermalungen mit pflanzlichen Motiven erklärte die urtropische Vegetation. Es sei gesagt, das Buch ist ein Gesamtwerk zahlreicher Hochkulturen verschiedener Zeitepochen, aus biblischen Übersetzungen, wahre Einflußsphären. Schwarze Tinte steht für die dunkle Welt, rote für die

          Warum existiert alles natürliche?

Abendwelt, schwarz-gelb für die Sonne in der dunklen Welt, rot-gelb für die Strahlen in der Abendwelt. Unübersetzte Bücher erschienen u.a. in der Abfolge von griechisch, hebräisch, altägyptisch, arabisch. Königliche Insignien nennen den Besitzer des Bibels. Propheten werden ausführlich beschrieben. Eine Abbildung des nächtlichen Himmels mit der Milchstraße geben uns die Position des urprünglichen Aufenthaltsortes in der südlichen Hemisphäre an. Abseits der Symmetrie der platzierten Texte gaben Erwerbskosten Spekulationen über das Vorhandensein wertvollerer Bibelausgaben.

Der Codex Argenteus verdeutlichte die Säulen als einer Art Palmenbaum. Wenden wir das Synomym auf den Codex Gigas an, wohnten viele Hochkulturen auf den (orange) hellen Hochebenen der Berge inmitten einer dunklen Welt mit gelegentlichen Sonnenstrahlen. Jedes Höhen-Plateau war die Heimat einer Zivilisation mit eigenen Gewächsen. Säulenfarben repräsentieren den Himmel auf der höchsten Lage, dann folgen die Wolken auf den unteren, ansonsten war die hohe Vegetation grün. Großwuchs wurde am Fuße der Hochstätten auf den feuchten, mit Wolken behangenen Flächen heimisch. Im Sommer ließen sich sehr viele Tierarten auf Sümpfen finden. Insgesamt waren 10 übereinander befindliche Kulturen aufgemalt. Zu einer Zeit gelangte der urzeitliche Teufelsvogel bis dahin und verwüstete jenen wehrhaften Zivilisationen. Selbstverständlich sind weitere Interpretationen vorstellbar. 10 Etagen übereinander waren befestigt. Folglich handelte es sich um ein Heiligtum auf den Bergen. Das Hochlagenlicht zog den Urzeitvogel an. Entweder war der lebende Satan riesig oder die Urgläubigen klein.

Fairerweise vertreten nicht alle Christen die geschilderte Sicht des nachtaktiven Teufels. Die neue, abendländische Nachfolgebibel kam aus dem Hebräischen. So etwas konnte z.B. Jean d'Arc nicht wissen. Nur 12 von 67 Anklagepunkten trennte sie vom Tod. Ein tiefer Fall von einer idealen Heldin zur Abergläuberin. Hören Sie sich die Schilderungen von den todgeglaubten, die klinisch für tod erklärten, die nach kurzer Zeit zum Leben zurückfanden. Sie werden feststellen, manche berichten von ihren Visionen. Was das auf sich hat, läßt sich mit einem biologischen Schutzmechanismus im Gehirn erklären. Kurz vor dem Tod schaltet sich das Gehirn um und spult eine

                  Warum existiert alles natürliche?

angenehme Erlebnisversion ab. Der Vorgang hält das Opfer vom Schmerzgefühl ab, bewahrt auf diese Weise eine unkontrollierte Schädigung des Körpers. In der entspannten Phase liegt das dynamische Gewebe optimal gut geschützt. Nach einem Todeszustand erleben in Überlebenden alle Sinne neu. Aus ihrer Erfahrung spüren sie das neue Leben intensiver.

Bild Tänzerin: Indianisch rituelle Tänze verdeutlichen die Bäume in Bewegung unter dem urwilden Dauerwind. Indische Götter hauchen ihren Instrumenten den Geist ein.

Musik, Tänze

An dieser Stelle sollten wir uns an die Gebete rückbesinnen. Im gemeinschaftlichen Gebet hören wir eine Art Melodie. Intrumentale Begleitung hatten schon immer dazugehört. Musik war keine eigenständige Disziplin. Sie ist die Hilfsform des Pfarrers, Predigers,

Warum leben wir?

Vorbeters, Mönchs u. dgl. Lustig sahen wir zu, wie viele Stämme wild mit Trommelrythmen tanzten. Sie waren im selben Moment fromm, traditionsbewußt. Daß sie uns nicht auslachten, besagt ihr tugendhaftes Handeln. Sie waren sehr sparsam in Worten. Einen richtigen Dolmetscher hatten sie nie gehabt, um ihre überlieferte Laute zu übersetzen.

In mancher Religion sprechen wir mehr, in nächsten singen, musizieren, tanzen wir. Das waren die unverstandene Versenkung. Die Götter hielten Musikinstrumente in ihren Händen. Gottheiten perfektionierten den Tanz. In Hochkulturen wurden vielsagende Schriftzeichen, Suren, Epen, Versen und Mantras aufgeschrieben. Wir wecken im Aufsagen den freien Geist in uns. Unsere Mitmenschen wollen uns der Freiheit wegen imitieren. Eine heilige Gemeinschaft hebte sich aus der Masse, indem sie den Fleischbedarf ersetzte. Das Ergebnis: Sie kultivierten das Obst, Gemüse, Getreide. Die Weisen erkannten, daß Tiere die gleichen Merkmale aufwiesen. Samsara im Buddistischen wandte den Vorgang an, sich von der Herde loszulösen. Die Urart Weltbürger strebten die eigenständige, freie und natürliche Lebensweise an.

          Warum existiert alles natürliche?

Schöne Musik steht stellvertretend für die Harmonie in himmlischen Tempelspalästen wie auf der Erde. Mit ihr herrschte Frieden unter den Zivilisten. Wiederholt löschten zerstörerische Kriege mehr als die Städte aus. Musikbegleitungen umfaßen eine breite Palette von Instrumenten für verschiedene Töne. Ob Töne wohlklingend sind, wissen wir vom Hören. Was den schlechten anbelangt, hatten sie für eine Dauer für Ängste unter den Menschen gesorgt. Es waren die peitschende Naturlaute, pfeiffende Sturmwellen, das Zerbersten der Gesteine, Aufpusten von Erdschichten, Fliegen der kleinen Bäume u.v.m. Aus der Dauerbetörung erfüllten Wohlklänge ihren Zweck. Lautes Spielen ergeben die wohlklingende Musik.

Rythmen, Temperament

Musterbeispiele für gelungene Musik kristallisieren sich in den afrikanischen Trommeln. Tänze sind Bestandteile der Kultur. Rythmen begleiten die Feierlichkeiten. Das Leben macht einen Sinn, der Standard ist angenehm. Tief im inneren machen sie uns die Donnerschläge hörbar. Wind und Wetter mussten in der Urzeit heftig gewesen sein. Die Orkanwucht übertönte das Rauschen. Wilde Tänze sind komplexer als wir annehmen. Stammesvorfahren bestellten Felder. Von der Ernte lebten sie gut. Meerestiere liefern Proteine. Da wurde die Trockenheit feindlicher. Zuletzt mussten die Nachkommen Fischer werden. Ohne Meeresreichtum müssten sie zu neuen Ufern aufbrechen. Im Landesinneren glauben Afrikaner, der wertvolle, heilende Mandelbrotbaum beschützt sie vor alles Böse. Sie locken Tiere wie Menschen. Der ganze Baum ist verwertbar, denn das vitaminreiche Grün ist eine Rarität. Auch Farbige hassen Erpresser und Zerstörer. Sie haben nicht das dringend benötigte Format für die Ordnung. Aufrichtige Buschstammesangehörigen vermögen das Böse in all seinen Facetten benennen.

Parallel entwickelte sich die Panflöte-Musik, Sinnbild der pfeiffenden Luft, der Tanz als Symbol für die Bäume unter dem Urwind. Die Schriftzeichen setzen sich aus Bildern zusammen. Sie könnten in einer Zwischenstufe mehr ausdrücken als reine Szenensequenzen. Ihre Astronomische Kenntnisse waren der Zeit voraus.
Wenn die Inkas die Götter beim Namen laut riefen, was

          Warum existiert alles natürliche?

ihre Art spezifizierte, geschahen die Praktiken aus der Tradition. Ihre Ahnen hatten sich sehr intensiv mit dem Glauben beschäftigt. Der Einzelne fand keine Hilfe außer sich an ihnen zu wenden. Bei einem Ursturm lautete die Losung im etwa: "Sturmgott, besänftige den Sturm". Doch der blies unablässig. Nach einer Zeit sprachen sie aus persönlich wichtigem Anlaß mit ihren Göttern.

Zu den megalithitischen Baufragmenten in den heiligen Orten. Schaffensumstände lassen die Vermutung zu, das Leben auf dem Amerikanischen Gesamtkontinent erfuhr begünstigten Bedingungen. Langlebige Riesenurbäume wachsen bis zur Gegenwart. Analog dazu lebten hochentwickelte Urzivilisationen teilweise sehr lange. Sie erschufen und erhielten unsagbar schöne Bauwerke der Urzeit. Anderswo auf der Welt waren Megalithe Raritäten. Die Inka-Gesellschaft hatte versucht, ihre Gebäuden wie die der vorweltlichen Musterexemplare zu errichten. Niemand hat je geschafft, tonnenschwere Megalithe zu schneiden, zu transportieren, fugenlos übereinander zu stapeln und in allen Lagen zu stabilisieren. Kleinere Steine ersetzten die Teillücken bei der Reparatur. Im Übrigen fehlen die oberste Megalithe der Ruinen. Wurden sie vom Südwind hinweggefegt? Riesenbäume sind in den Tälern des Grand Canyons gewachsen.

Traditionell asiatische Tänze ziehen jährlich Touristen an. Langsame und schnelle Bewegungen sind genau festgelegt. Choreographie ist kein richtiger Begriff. Jede Geste sagen etwas bestimmtes aus. Also wundern Sie sich nicht, wenn Gottheiten allesamt am Himmel fliegen. Große Trommel deuten auf die Stärke des Donners, während Urorte die Ozeanluft abbekamen. Das japanische Klima ist ein Paradebeispiel mit unterschiedlich langen Tagen. Speziell in China grenzte altehrwürdige Denkweisen den Süden ab. Ihn assoziiert man mit Frieden. Die Auffassung vom friedlichen Indochina versetzt das heilige Merkmal bis weit in den Süden (Neuguinea, Australien). Doch dieses Wissen ist kaum noch vertretbar. Chinesische Seefahrer stoßten jedenfalls bis nach Indonesien vor. Schriftliche Zeugnisse waren unnötig, erst recht für unabhängige, heilige Stämme. Als das Leben erträglicher war, strömten viele Völker langsam in das Reich der Mitte ein. Das alte China könnten wir mit der USA

          Warum existiert alles natürliche?

gleichgesetzen, wo Immigranten mit ihren Göttern das Land voranbrachte. Bedingt durch den Standort Asien wurden Sprachen, Bräuche und Urtraditionen bewahrt.

Spirituelle Gesundheit

Beim Beten müssen wir Verbeugungen machen oder niederknien. Diese Verpflichtung geht jeder freiwillig ein und kann stundenlang dauern. Je tiefer der Glaube, desto mehr Sport machen wir, desto unbewußt gesünder werden wir. Das allein zu praktizieren, erspart uns viele Medikamente. Daher sind gläubige Menschen meistens schlank. Bei kirchlichem Tanzen oder Tanzvorführungen in Tempeln bekommen weibliche Personen die schöne Figur. Sie haben die Alternative in der Hand: das tägliche Joggen, Tennis-Übungen, athletische Disziplin, akrobatische Vorführungen, Yoga-Übungen, Hauptsache sie führen zu keine Verletzungen. Heranwachsende bevorzugen mehr Sport in reizvollen Diskotheken. Sie lieben mehr Bewegung? Kein Problem. Pilger suchten in der Vergangenheit die entlegensten, heiligen Plätzen auf. Sie wanderten zu Fuß den beschwerlichen Weg entlang. Etwas trieb sie an, nach einer Antwort auf ihre Fragen zu suchen. Aus der Tradition des heiligen Pfades kamen die schwergewichtigen nach Jahren schlank zurück. Das tägliche Laufen zum Tempel, zur Kathedrale, Moschee, die Teilnahme an Gebetsritualen, den Weg zurück u.ä. ist eine gesunde Praxis. Wir versinken nicht in Gedanken, grübeln nicht. Im Gegenteil, wir werden sinnvoll aktiv. Präsidenten der Welt beherzigen den Sport, wenn gut beraten. Römische Legionäre machten es uns vor. Sie haben festgestellt, dass das Essen von rohem Getreidekörner, ein Hochkulturgut, Kraft für ihre Märsche gaben. Aus dem Wissen essen wir heute immer noch Müsli als Frühstück, um die tägliche Arbeit besser zu meistern. Außerdem ist die vegetarische Kost frei von tierischem Fett. Tomaten (Spaghetti, Pizza), Olivenöl und frischer Salat in der mediterranen Küche machen die gesunde Kost aus. Fehlt nur das Rennen. Wir sind zu den überlegenen geworden, weil wir gelaufen sind. Bei höchster Anstrengung unter starker Sonne begünstigte die Bekleidung den Hitzetod.

In der zweiten Stufe der Rohkost wurden Obstbäume angepflanzt. Sie kamen längere Zeit ohne Regen aus.

Außer Jäger lebte das Wild auf trockenen Flächen gut. Aus Erfahrung verderbten ihr Fleisch hingegen schnell. Also achtet man innhalb der Arabischen Gesellschaft u.a. an die überzeugende Halal-Zubereitung. Tierteile aus der Tiefkühltruhe hält länger und ist zum größten Teil desinfiziert. Aus höchster Respekt vor dem Wild wird der kritische Fleischverzehr traditionell in vegetarischen Ländern verbannt. Gerade deshalb lebten die Familienmitglieder gesünder.

Lebende Herde begrenzte denn auch die hochgefährlichen Krankheitserreger in Afrika. Sie haben nun ein leichtes Spiel mit den Steppenbewohner. Das wenige Wild landete auf den Tisch. Schließlich verunsichern neuen Krankheiten die Weltgemeinschaft und die domestizierte Tierhaltung. Besser ist es allemal, das frei lebende Wild zu behalten.

Das gesunde Wissen stand schon in den heiligen Texten Altindiens. Prinz Siddhartha wurde in das Heimatland geboren und bekam im jungen Alter die königliche Ausbildung. In den Erinnerungen wurde die Geschichte des Alten ohne Augen, Ohren, Zunge, Arme und Beine in der Gemeinschaft weitergegeben. Vor einer sehr langen Zeit verursachte darin eine falsche Aussage des obersten Richters einer alten Nation negative Konsequenzen in der Nachwelt. Seine Ehefrau ließ sich überreden und verfälschte seine Rechtsprechung. Leid kam über das Land. Als Lohn für seine Aufrichtigkeit wurde er stets behindert in einer reichen Familie wiedergeboren. Er musste nicht arbeiten. Er wurde wohl behütet. Blind, taub und stumm konnte er keine Schäden anrichten. Ohne Arme und Beine war er nicht frei. Natürlich wird hierdurch die buddhistische Sicht der Wiedergeburt erklärt. Der Richter symbolisiert die Rechtsprechung. Wäre sie immer wieder beeinflußbar, dann würde die hohe Gerechtigkeit blind, taub, stumm und unfrei sein. Die Rechtsprechung existiert weiterhin, wird aber ihrer Funktion nicht gerecht.

Das Brot

Sich mit der Religion zu befassen, kommen wir nicht um die gesunde Ernährung herum. Die Wissenschaft über den Anbau, die Methoden und dem Saatgut der Landwirtschaft hat wieder begonnen. Gerade hat die Industrie erste gute Sorten auf dem Markt gebracht. In

Zukunft brauchen wir mehr ertragreiche Sorten, die mit wenig Wasser auskommen, dazu in der windigen Umgebung gut wachsen können. Andere Sorten gedeihen auf den restlichen Feldern optimal. Vertieft gesunde Agrarprodukte und Ernährungsforschung würden dem Fleißigen erneut zu Millionär werden lassen. Analysen auf diesem Gebiet sind unerläßlich, benötigen zur Zeit viel Geld. Würden sich viele aus Überzeugung daran beteiligen, muss der Name für diese Entwicklung noch vergeben werden müssen. Die Vielfalt der Nutzpflanzen wurde konserviert, die Anwendung und die Auslese werden uns wichtige Fakten liefern. Wir können die guten Samen nicht verschwenden. Die Zeit definierte die erfolgreichen Körnern. Das Aroma zu verfeinern ist aktuell eine kurzfristige Alternative. Betreiben wir diese Zuchtdisziplin für uns, unser Geldbeutel, unsere Gesellschaft. Die Industrie wird viel Nutzen davon ziehen können.

Für die meisten Bürger der Welt ernährte uns das frische Brot in all seinen Variationen. Vegetarisches Essen gelang meisterhaft. Der Bäcker kam zu seinem guten Ruf, indem er das gesunde Produkt billig unters

Volk brachte. Arme Leute wurden unbewußt gesund und vorallem satt. Warum sollte vegetarisches Essen ungesund sein? Nebenbei bemerkt, süße Kekse oder Kuchen werden aus Mehl hergestellt. Mit Zucker versetzte Produkte sind länger haltbar. Nicht der Geschmack sollte im Vordergrund verfeinert werden. Beim täglichen Genuß haben die Zähne das Nachsehen. Brot enthält neuerdings Zucker und wegen der Haltbarkeit auch Konservierungsstoffe.

Fernöstliche Philosophie

Wie bringt der fernöstliche Glaube die beste Gesundheit und schwerste Krankheit unter einem Hut? Im Rahmen der überlieferten Ursache und Wirkung schilderten buddhistische Gelehrten die Tugenden und Sünden des Gläubigen. Das Einhalten der Achtsamkeit in Bezug auf das Lebendige und die bescheidende Ernährung hat zur Folge, dass der Anhänger in jeder Hinsicht profitieren wird. Im nächsten Leben wird seine Gesundheit, seine Stärke gegenüber Krankheiten und seine Langlebigkeit ohne den geringsten Schmerz strahlen. Wie lang dauert es bis zum nächsten Leben? Es kann erst in der Zukunft stattfinden. Wenn wir auf unser aller Körper achten, dann berücksichtigen wir um so mehr gemeinsam die Bedeutung von gesunden, pflanzlichen Lebensmitteln. Wir produzieren mehr wertvolle Nahrung für uns und für die Nachkommenschaft. Sie werden nachhaltig von diesen Geboten gut leben können. Dazu müssen wir verstehen, dass das Leben auf dem Subkontinent in einem Kontinuum verläuft. Die Wiedergeburt meint selbstverständlich die Existenz in einer neuen Welt, von neuen Mitbürger, die unsere Gestalt haben. Da die früheren Könige jeweils ihr Reich beschützten und über heiliges Wissen verfügten, wiederholte sich ihre Reiche unendlich oft in der Vergangenheit. Sünden sind der Hinderungsgrund für das Fortbestehen in gewohnter Form. Dazu gehören Kriege, innere Spaltungen, absolute Gegnersicht, Zwietrachtlügen, Götterignoranz, kulturelle Unterwerfung, Ausweisung, das Stigma der Schuldverschiebung. Eine sehr lange Liste könnte die Punkte benennen.

Mythos Drache

Falls Sie die mythischen Geschichten über das Fabeltier

bereits gehört haben, hatte der Drache einen bekannten Stellenwert. Die Bedeutung wurde aus dem Mißbrauch allgemein negativ bewertet. In den heiligen Texten am Indus stand der Himmalaya-Gott, dessen Nachkommen den Drachen respektierten. Was für ein Tier ist der Drache? Mehrere Versionen kamen zum Vorschein. Des Rätsels Lösung liegt in den heiligen Anlagen Sigiriyas und ihrer Vorläufer. Riesige Garuda- und Schlangenstatuen wurden sehr früh aufgegeben. Die alte Gesellschaft suchte die nächsten Berge auf. Verschiedene Schutzgottheiten wechselten sich ab. Sie vermischten sich allmählich zu einem Schutzdrahen. Die Anhänger der Nagas waren wohl schon immer zahlreich gewesen. Sie gaben ihn den schuppigen Körper. Garude-Krallen sprachen die nächste Anhängerschaft an. Die Gottheiten sind noch schemenhaft auseinanderzuhalten. Somit hat das Schicksal und die Heiligkeiten eine begrenzte Wirkung. Keine Sorge, sie werden wieder glorreich erscheinen. Ja, neue Tugenden werden uns erneut leiten. Sie sind das Ergebnis vieler begangenen Sünden. Der feste Glaube an etwas, was in Vergangenheit vorhanden war und nun nicht erklärt werden kann, ist nicht unbedingt falsch. Außerdem

                    Warum existiert alles natürliche?

können wir nicht an Riesenschlangen glauben und die Anwesenheit des Riesenadlers verleugnen. Beides gehört zusammen wie Mann und Frau.

Für Buddhisten sei gesagt, die barmherzige Göttin mit scharenweisen Armen pflegte bildlich gesehen den Naga-Kult. Buddhistisch vereinte sie die guten Bereitschaften aus dem Mitgefühl. Weibliche Sympathie verinnerlicht die rettende, hohe Werte. Wie in Sigiriya nachweisbar, waren Gottheiten in allen Belangen gleichberechtigt. Männer, Frauen und Kinder bilden die Gemeinschaft. In der chinesischen Mythologie belegen kindliche Gottheiten einen festen Platz. In einem Tempel von Lepakschi (Indien) wird der ideale Mann und die ideale Frau stilisiert. Damit sind Individuen vielschichtig im Charakter, im Aussehen, im Verhalten – eben einzigartig, edel. Fernöstliche Schifffahrer verehren den Wasserdrachengott. Er vertritt den uralten Strom, die unversiegbare Quelle schlechthin. Flussader bildeten das Straßennetz des Urwalds.

Die Sexualität

Biologisch gesehen, gab es einmal sehr viele weibliche

Rassen und getrennt das entsprechende Pendant dazu. Dies erfolgte aus der artgerechten Evolution. Die Weiden oder der Gingko entwickelte sich sehr früh, mindestens so früh wie die meisten tierischen Gattungen, einschließlich menschliche. Die Fauna lebt von der Flora. Während wir weiterhin genügend Nahrung in der Natur vorfanden, mussten die Pflanzen um ihre Existenz fürchten. Aus der Auslese traten neue Sorten hervor, die selbstbefruchend mehr Nahrung für die gefräßigen Gegner liefern. Sexualität zieht an. Spielte sie eine andere Rolle in der Frühzeit? Die Bedürfnisse Durst und Hunger sind Notwendigkeiten. Neugeborenen merken nicht, dass sie Durst haben. Sie schreien in der Hilflosigkeit. Indianer lebten in der Wildnis. Niemand von ihnen kann sich behaupten, etwas besonderes zu sein. Lediglich die Häuptlinge zierten sich mit Blätter oder Naturschmuck. Bei Schwierigkeiten wendet man sich ehrenvoll an sie. Aus dem Dorfgespräch festigte sich das Vertrauen. Die körperliche Attraktivität basierte auf urtypische Merkmale. Wer würde bei einer schönen Figur wegschauen?

Stichwort Bevölkerungswachstum. Hat die Sexualität

allein Auswirkungen auf eine hohe Vermehrungsrate? In einer eiszeitlichen Umgebung stieg die Population sehr langsam. Es dauerte sehr lange, bis Städte sich unter steigenden Temperaturen formierten. Im sehr warmen Afrika und in den tropischen Kontinentalregionen werden überdurchschnittlich viele Kinder geboren. Trotz Mangel an Ernährung schnellte ihre Zahl exponentiell in die Höhe. Wenden wir die Erkenntnis auf die Dress-Codes an, so erwärmen wir uns selbst durch die Verhüllung des Körpers. Ergebnis: wir vermehrten uns bei schönem Wetter überdurchschnittlich. In der erwärmten Norden setzt sich die biorythmische Prozesse fort. Frauen (& Männer) spüren die unangenehme Kälte. Verschlechtert sich das Klima, nimmt die Reproduktion ab.

Helligkeit & Finsternis

Sie fragen sich, wie die Helligkeit die Gesundheit beeinflußt? Die Sonnenstrahlen ist ein erheblicher Faktor für das Leben auf der Welt. Unser Körper wächst gut und entfaltet seine volle Stärke in der Wärme. Finnen nutzen die Sauna im hohen Norden, wappnen sich in bewährter Weise gegen Krankheiten. Sie hatten gelernt, Nutzen aus den Geysiren zu ziehen. In Winterkälte ruhen die Aktivitäten. Kaltblüter würden einen geschützten Winterschlaf halten. Ohne Feuer könnten Wikinger und Kelten nicht gut sehen und Tiere in einem magischen Moment jagen. Ihre Haarfarbe würden sich nicht erhalten bleiben. Mooropfer könnten mit einem Fackel in der Hand überleben.

Würden wir einen Geistlichen in Sri Lanka fragen, der die Buddhistische Lehre vom Sohn Ashokas predigt, würden wir die Worte Buddhas zu hören bekommen: "Es gibt Menschen, die aus der Helligkeit kommen und die wieder in die Helligkeit zurückkehren. Es gibt Menschen, die aus der Helligkeit kommen und in die halbe Helligkeit gehen. Es gibt Menschen, die aus der Helligkeit kommen und in die Dunkelheit gehen. Es gibt Menschen, die aus der halben Helligkeit kommen und in die Helligkeit gehen. Es gibt Menschen, die aus der halben Helligkeit kommen und wieder in die halbe Helligkeit zurückkehren. Es gibt Menschen, die aus der halben Helligkeit kommen und in die Dunkelheit gehen werden. Es gibt Menschen, die aus der Dunkelheit kommen und in die Helligkeit gehen. Es gibt Menschen,

   Warum existiert alles natürliche?

die aus der Dunkelheit kommen und in die halbe Helligkeit gehen werden. Es gibt Menschen, die aus der Dunkelheit kommen und die wieder in die Dunkelheit zurückkehren. Gehe nicht in die Dunkelheit". Diese heiligen Worte stammten generell betrachtet aus der Kindheitserinnerung. Junge Prinzen beherrschten die Weisheit der Vergangenheit in- und auswendig. Sind diese Worte die Worte der Menschheit, der heiligen Versammlung in der Vorwelt?

Hatte ein Zusammentreffen der Urkulturvertreter stattgefunden, müsste eine Schutzpredigt auf der Tagesordnung gestanden haben. Sein Inhalt soll mannigfaltig durchleuchtet werden. Unterirdischer, langfristiger Aufenthalt wäre der erste Punkt. Ihre Sicherheit ist wegen der Tektonik nicht haltbar. Der zweite Ansatz liegt in der Urschneelandschaft, die Heimat hochentwickelter, autarker Urzentren. Drittens suchten spezialisierte Urüberlebenskünstler Wüstenorte auf hohen Lagen auf. Viertens blieben die Unentschlossenen an den Küsten entlang und hofften, genug Nahrung zu finden. Natürlich waren sie bestens ausgerüstet. Fünftens begaben sich die Urpioniere zu den finsteren Regionen aus der Gewissheit des wechselnden Zeitgeschehens. Sechstens residierten die Überzeugten in den warmen Gegenden. Jede Gesellschaft orientierte sich an ihre Richtungsvorgabe mit den identischen Fortschrittsgedanken. Eine Einzelsprache garantierte die Kommunikation unter ihnen. Sie gaben ihr Wissen an die Nachfahren weiter. Die Worte Buddhas bzw. des Urvertreters einer heiligen Südgemeinschaft war über die Dauer erhalten geblieben? Hielt der hohe Priester der Inkas eine bedeutende Religionstradition inne?

In einer weiteren Erinnerung warf sich Buddha im früheren Leben vor zwei Löwenbabys, deren Mutter beide aus größter Hunger aufzufressen beabsichtigten. Der heilige Beschützer opferte sein Leben für die zwei Jungen. Ihr Überleben wurde aus Überzeugung höher bewertet. In den unzähligen Folgeleben wachten viele Buddhas über die kostbaren Lebewesen. Aus der versammelten Unterrichtung erfuhren die höhere Sangha-Gemeinschaft von einem Buddha im vorigen Leben, welcher einen weiteren Buddha in seinem letzten Leben (viele Zwischenstufen) schilderte. Leidgeplagten strebten nach der universellen Wahrheit. In diesem

                    Warum existiert alles natürliche?

Sinne beschützten die heilige Universalhüter wahrhaftig alles Leben.

Manch einer könnte fragen, warum Löwen retten? In Bangladesch & anderswo kamen Waldsiedler jährlich durch Raubtiere ums Leben. Warum sollen Eheleute sich gegenseitig helfen? Um der Sache auf den Grund zu gehen, sollten wir uns selbst fragen, wie beeinflußbar wir sind. Einfache Familien wurden im industriellen Zeitalter instrumentalisiert. Die Mitglieder gehören mehrheitlich einer demokratischen Partei an. Darin liegt das gefährliche Dilemma. Sie zerrissen sich gegenseitig. Landesbürger bekämpften sich gegenseitig. Ihnen fehlen schlicht den Gedanken des Friedens, in besonderem Maße gegenüber den Minderheiten. Lassen wir Ausländer außen vor, können wir nicht von ihnen lernen, sie aber von uns. Wer ist klüger? Wollen wir keine Männer haben, leben Frauen vor sich hin. Das Alleinesein entfacht die bewiesene Suizidgefahr in der Gesellschaft. Das war bei den Sekten in den USA der Fall. Das will man mit der Urnachkommenschaft Lateinamerikas verfahren.

Auf den hohen Bergen sieht die Vegetation folgender Maßen aus: Wenig Bewuchs. Trotzdem kann sich eine kleine Population von Steinböcken davon ernähren. Vergrößert sich die Herde, locken sie automatisch die Jäger an. Raubtiere spüren sie auf. Wir beschießen sie. Uns schmeckt ihr Fleischgericht. Es ist zwecklos einzuwenden, daß wir Vegetarier sind. Wir sprechen, handeln, spüren, atmen, lieben uns wie das Wild. Löwen sind überlegen. Wir sind überlegen. Können wir Jaguar töten, können wir uns selbst erledigen. So ist das Naturgesetz. Kühe, Ziegen, Büffel sind unser Gras, das auf grüne Weiden lebt. In Hungersnöten sind wir in der Lage, Löwen zu essen. Zu Kriegszeiten kannte man in China dieses höchst seltsame Menschenverhalten. Historiker des frühen Mittelalters berichteten von verheerenden Nahrungsmängeln.

Edles Handeln

Dazu gehört die Lehre über das Karma. Ein gutes führt uns zukünftig zu den Weideplätzen der Menschheit. Ein schlechtes bewirkt sozusagen das Dahinsiechen vieler Kindergenerationen ohne Sicht auf das Ende des Leidens. Wörtlich heißt es von Buddha: "Bedenke deine Entscheidung gut. Wählst du die falsche Richtung, wirst du viele Hundert Jahre lang über deinen Entschluß weinen". So müssen wir überlegen, dass eine Fehlentscheidung des Hüters der Menschheit in einem wichtigen Moment, zum Beispiel bei einem Riesenorkan, den Verlust eines geliebten Partners oder einer wichtigen Unterstützerin unwiderruflich herbeiführen kann. Dann muss selbst der Wegbereiter und seine Nachfolger weinen. Als Folge schrumpft die Gemeinschaft vielleicht um die Hälfte. "Du" ist das Synonym für "wir lebende". Eine demokratische Entscheidung ist für die Mehrheit gut. Was passiert, wenn wir nicht einmal 51% erreichen? Dann ist gut kein korrektes Wort und bei weitem nicht edel. Von daher gibt es eine Menge von Abstimmungen. Gewöhnlich heißt es: Wir haben den Glauben verloren. Exakt läßt es sich nicht erklären.

Karma ist das individuelle Ansammeln von guten oder schlechten Taten und seine Folgen - Kreuzungspunkt von herausragender Bedeutung. Positiv und negativ läßt sich nicht immer eindeutig bestimmen. Zur Hilfe ziehen den Begriff Samsara hinzu. Er beschreibt eine breite Palette von Rassen im Rohzustand. In der Wildnis kommen Harmlosigkeit, Aggresivität, Todesgefahr,

Angst, Sicherheit, Stärke, Hoffnungslosigkeit, Ausdauer, Rettung, Hunger, Durst, Abscheulichkeiten, Giftigkeit, Schmelztemperaturen, Zuversicht, Vertrauen uvm. vor. Dagegen haben wir gemeinsam Strategien entwickelt, die Tiere & Pflanzen für sich selbst, wir für uns. Den Rest überlassen wir der Evolution.

Mit unserem Wissen bestimmten wir unsere zwei Richtungen selbst. Die Konsequenzen hatten wir stets tapfer ertragen. Biologische Prozesse laufen stets langsam vor sich hin. Der springende Punkt: In einer überbevölkerten Welt hatten wir die Evolution in die eigene Hand genommen. Die wenige Tiere waren nicht mehr störend, wohl aber unsere Sinne. Wir entschieden uns für eine Richtung auf höchster Ebene, soweit ein Sterblicher erreichen kann. Menschen sind kurzlebig, die lebende Rassen (quasi) <u>göttlich</u>. Selbst wenn wir diese Erkenntnis nicht akzeptieren oder verstehen können, die zukünftige Weltzivilisation wird diese Sicht vertreten und aufs Neue beschützen.

Gute Bildung

Diplomatenkinder gehen überall auf der Welt auf die

                    Warum existiert alles natürliche?

Schule. Sie lernen sehr viel von den Kulturen. Touristen haben schon eine Ahnung von der weiten Welt. Ihr Zweifel wird davinschmelzen, wenn Sie in der Reisestrapaze zu sich selbst finden. Sie würden feststellen, die höhere Praktiken wurden erfolgreich eingeführt. Der feste Glaube ist das einzig wahre im Leben der Anhänger. Das fängt mit der Erhaltung der heiligen Schriften an. Götter hatten die Essenz für alle Zeit in dafür geschaffenen Tempeln bewahrt. Langlebigen unter ihnen überspannen weitreichende Zukunftsgeschehnisse.

Über das Erstaunen hinaus kann der Nachwuchs das Gelernte nutzen oder das eigene Land vertreten. Jetzt kommt die Wie-Frage. Kennen sie das eigene Land gut genug? Antwort: Ja, sie können nicht alles vergessen. Es wäre zu schade. Gymnasialschüler haben am meisten Fächer in der Sekundarstufe. Studenten müssen sich schon auf ihr zukünftiges Berufsfeld spezialisieren. Professoren fangen dato jung an. Gut daß sich Eliteunis in den USA etabliert haben. Sie betreiben Forschung auf höchster Ebene. Erfolge können sich nur sehen lassen, wenn eine gute Schulbildung das Fundament bildet. Es ist unumstritten besser, sich nicht auf Fachgebiete zu konzentrieren. Dieses alte Parademuster verfälscht die meisten Bemühungen für eine echte wissenschaftliche Arbeit. Altrenommierte Philosophen, Archtitekten, Erfinder waren aufrichtige Universalgelehrten. Sie beherrschten alle Disziplinen, wie die Religion verlangt. Alle Ergebnisse müssen sich zusammenfügen. Verwirrungen haben keine Zukunft, denn diese Art Logik berücksichtigt nicht alle erforderlichen Gesichtspunkte. Nicht wenige kontroverse Lebenswerke waren umsonst. Fragmente erfüllen keine Rettung des Lebens. Wir mögen mehrheitlich Romangeschichten, die erst recht verfilmt wurden. Das Bildungsziel sollte fundierte Fächer aller Religionsrichtungen im Kindesalter einschließen.

Heillige Gemeinschaft

Naturvölker blieben solange auf ihrem Stammgebiet, bis kein Wild zu finden und der Boden ausgelaugt war. Dann zogen sie weiter. In eine beständige Kultur wird das Getreide kultiviert. Seine Ernährung, Fleiß, ethnische Stärke stützten die Geistlichkeit. Notwendige Feierlichkeiten führten die Bauern wieder zusammen.

     Warum existiert alles natürliche?

Der heutige Kommerz verlangt die maschinelle Bestellung von Riesenfeldern in den Vereinigten Staaten von Amerika oder in Argentinien. Weniger Muskelkraft hatte kleinere Erntedankfeste zur Folge. Nach der produktiven Arbeit haben wir mehr Freizeit. Aber hallo. Sollten wir nicht mehr beten? Natürlich. Verschiedene Konfessionen, unterschiedlich intensiv bzw. altbewährt.

Unkonventionelle glauben an alles mögliche. Doch sie haben keinen Substanz. Was ist heilig, was nicht? Anstatt mehr Spiritualität, haben die meisten mehr Fragen denn je. Im Mittelalter fragten sie sich, weshalb sie geknechtet wurden. Aus welchem Grund musste die Bevölkerung hungern? Das Abendland rätselte darüber, wieso es nicht mit vielen Gewürzen gesegnet war. Die Fragen der Zeit sind dringend, doch niemand konnte die Fragen beantworten. Stundenweise Predigten reichen nicht immer, um dem Sachverhalt genügend Gegengewicht zu verleihen. Auch so wissen wir, eine Frage, viele Antworten. Tsunamies verschlangen viele Todesopfer. Man fragte sich, wieso. Manche versuchten, die Schuld bei den ausländischen Nationen zu suchen. Das ist einfach und schafft keine Abhilfe. Andere zweifelten, ob wir kurz vor 12 noch mit einem Dialog starten sollen. Es ist so, als betreiben wir die Wissenschaft und warten dennoch gemeinsam auf den sicheren Tod, der naturwissenschaftlich erklärbar ist. Empfehlenswert sind:

1.   positiven Entwicklungen in der Welt erkennen
2.   positive Unterstützungen einleiten

Wir leben, um essbares zu kultivieren, ob auf Feldern, in Seen oder in den Meeren. Kleine Probleme verursachen kaum Schwierigkeiten. Unser geistiges Potenzial wächst in sinnvollen, hochangesehenen Praktiken. Einmal verstanden, müssen wir keine lange Rede halten und schon gar nicht nach Antworten suchen. Das Schicksal ereilt uns im Vergessen. Ständige Übungen und kontinuierliches Studieren schaffen gute Abhilfe.

Menschliche Belange

Unser Alltag ist geprägt von der Geburt der Kinder, ihrer Erziehung, der Bildung und eigenen Gesundheit. Wer will nicht in eine feierliche Hochzeit für den Bund zu zweit einwilligen? Der Standesbeamte traute das Brautpaar. Im schönsten, zeremoniellen Moment trägt die Braut weiß. So will es die Tradition. Weiß für den sauberen Schnee. Einhergehend werden wir unbewußt doppelt gesegnet, einmal priesterlich flüssig, ein zusätzliches Mal unbefleckt. Idealerweise will die Ehe ein Leben lang halten. Beherzigen wir die Vernunft, dann werden wir nicht viel denken müssen, wie alte Paare es bewiesen haben. Übrigens, rote Brautkleider sind nicht weniger minderwertig. Sie stehen für das himmlische Abendrot. Hoch-festlich heirateten altchinesische Ehepaare zuhause. Ja, Mönche erschienen geschichtlich relativ spät. Brautleute Altindiens und -arabiens trugen Unikatgewänder. Sie sind das Abbild der idealen Menschen. Auf jeden Fall wird fröhlich gefeiert. Sie zollen dem Vermählungsgebot Respekt.

Voraussetzung für die Einhaltung der Regeln sind genügend Spielplätze für den Nachwuchs. Grüne Rasen wären optimal. Das war beispielsweise in England der Fall. Königsfamilienmitglieder genossen ihre Erziehung. Mädchen reifen zu Vorzeige-Prinzessinnen heran. Viktorianische Glanzleistungen wären nicht möglich, wenn die Natur der Landesbevölkerung gegenüber nicht wohlgesonnen war. Sie brachte große Gesellschaften hervor.

Gerechtigkeit

Gerechtigkeit gegenüber jedermann auszuüben kündigt von der Ära eines weisen Herrschers. Ein Gerechter zu finden ist so selten, dass in Israel die höchste Ehrung mit dem Titel "Ein Gerechter unter den Völkern" verliehen wird. Er ist Sinnbild für das Wahrhafte, das die hebräischen Kinder selten erlebt hatten. Das drückt die höchste Aufgabe eines Königs und Richters in einer Person aus. Niemand stand darüber. Wer hat diese weltliche Ordnung aufgestellt? Das Richten war laut Bibel nur Gott vorbehalten. Im Optimalen behandelt ein König jedermann zuvorkommend. Manche Nationen blühten auf, die Verlierer verschwanden von der Oberfläche.

Freund oder Feind. Als die Skaverei nocht ein Begriff war, verstanden die Knechte, wie es ist, ihre Herren zu dienen. Schnell vergeht der Glanz der Pharaonen. Was für eine bedeutend lange Zeit als heilig galt, sind

          Warum existiert alles natürliche?

nunmehr die Gebeine der Nilherrscher. Traurigkeit beiseite. Zu unserem Erstaunen fangen wir mit ihrer Erforschung an. Wo wir schon dabei sind, wollen wir den Hindus Fragen über das Mitgeschöpf stellen? Viele werden als heilig erachtet. Ausnahmefall bei den Fremden, die erstaunt das beobachten, was für sie als essbar gelten. Kostbare Edelsteine und Rubine hatten sonst den Moguln kein Glück gebracht. Die Suche nach ihnen kosteten vielen das Leben. Hätte man ihren Wert nicht so hoch angesetzt, würde ganz sicher nichts passiert. Niemand käme zum Schaden.

Auf die buddhistische Anschauung projiziert, hatten unsere weit entfernten Vorfahren beim Besuch eines Gebetshauses stets auf die goldenen Gegenstände geschielt. Sie wollten die geschätzten Sachen bei sich zuhause haben, fürchteten sich, eine Sünde zu begehen. Ihr junger Clan sollte nicht so gläubig werden. Die Gier wuchs mit der Verlockung. Später wurden die Edelwaren tatsächlich gestohlen. Nach und nach verschwanden immer mehr Gegenstände, wodurch der Wert unaufhörlich stieg. Letztendlich wurde alles Gold teuer. Es wurde einem Edelmetall, trotz der Zuversicht, dass man solches neben Steine in der Erde findet. Kinder wissen, Gold ist nichts anderes als schimmerndes Gestein. Grund hin, Grund her, sein Preis ist sündhaft. Kein Wunder mit dem historischen, schwarzen Freitag, wo Aktien ins Bodenlose fielen. Offensichtlich werden Landeswährungen massiv gestützt. Gegen Ende des zweiten Weltkriegs war die Reichsmark nur sein Papier Wert. Was denken wir über die schönen Häuser? Nicht nur in Amerika fielen ihr Wert. Kein Einzelfall und keine Randerscheinung. Der Kaufpreis lässt sich drücken, wie Spekulanten zweifelsfrei bewiesen.

Schicksal

Ist es unser Schicksal, mit nichts wertvollem den Alltag zu gestalten? Was erben die Kinder und ihre Kinder von uns? Gut, die Reichen haben Villen, Städte haben Wolkenkratzer, Satelliten sind unsere Augen im All. Alles von uns altert, sogar Sterne altern. Eine Ausnahme könnte Wasser sein. Es liegt flüssig, fest (Eis) und gasförmig (Luft) vor. Es wechselt von einem Zustand zum anderen. Es verschwindet nicht. Nach letztem Stand bleibt die Materie des Universums verteilt

          Warum existiert alles natürliche?

bestehen, wäre da nicht die Engergie der Sonnen. Sterne strahlen. Irgendwann erlischen sie. Im Moment lieben wir den Anblick von Millionen von ihnen in der Nacht. Wie Lampen werden sie nacheinander in der kosmischen Zeit ausgeschaltet. Eine gigantische Masse von sterbenden Sonnen werden für eine gebündelte, energiereiche Supernova benötigt. Ihre Häufigkeit ist noch Gegenstand der Forschung. Ihre Explosion geschieht nicht live. Sie fand in der Vergangenheit statt. Bedauerlicherweise können Astrophysiker noch nicht von bahnbrechenden Erkenntnissen berichten. Womöglich war der Urknall eine untypische Supernova.

Der normale Bürger assoziiert sein Schicksal mit dem elenden Milieu, in dem er aufwächst und aus dem er nicht entkommen kann. Hatte eine Frau einen begehrten Alkoholiker geheiratet, war sie zeitlebens mit Konfrontationen des vermeintlich idealen Ehemanns verbunden. War ein Mann mit der faulen Schönheit seiner Träume in der Ehe, die nebenbei noch ihr Einfluß geltend machte, muss er zusehen, wie er sein Fleiß vervielfachen kann. Nehmen wir die Schwerbehinderten her, die auf die Hilfe anderer angewiesen sind. Sie können sehr schnell untergehen. Das Schicksal war unter dem Maya-Begriff des Übergöttlichen bekannt, unter dem monotheistischen Begriff des Schöpfers der Welt. Getäuscht gingen die jüdische Mitbürger und Mitbürgerinnen brav in die Konzentrationslager. Moslems mildern das Schicksal unter ihnen durch ihre vorgegebenen Almosen. Östliche Religionen kennen die Aspekte des Leidens in der Wiedergeburt. Sie sind nicht auszulöschen. Sie kehren immer wieder zurück. Das Schicksal ist eng mit dem schlechten Karma verknüpft. Es verlängert die Leidensdauer erheblich. Hierin sind sich alle einig: dem Schicksal entkommen wir nicht. Es ist zu viel gesagt, das Leben als Fügung zu bezeichnen. Alles blüht und vergeht wie die Blumen. Eichen können bis ca. 950 Jahre alt sein. Sie können mayestätisch in die Höhe wachsen (40 Meter).

Am Nil fürchteten sich die Pharaonen, dass alles aus der Harmonie geriet und das Chaos Einzug hält. Die Bibel erläutert den apokalyptischen Chaos unter den Menschen. Frühere chinesische Herrscher von Erhabenheit strebten die irdische Harmonie an. Das Volk im Reich wollte friedlich mit den zahlreichen

                    Warum existiert alles natürliche?

Reichen leben, nicht viel anders wie in zersplitterten Teutschen Landen. Die Philosophen hatten ganze Arbeit geleistet.

Eine Geschichte erzählte eine Schülerin Buddhas sehr detailliert. Sie war bildhübsch und stammte aus einer entfernten, königlichen Familie. Sie heiratete einen ihrer aus der hohen Schicht. Er verstarb leider früh. Als Ehefrau sollte sie traditionsgemäß mit begraben werden. Ihr Glück: sie konnte mit den zwei Kindern flüchten. Auf sich selbst eingestellt, verlor sie beide Kinder aus der Urgefahr eines reissenden Flusses und der Wölfe. Sie kam zum Dorf zurück. Nun musste sie einen Mann suchen und vermählte sich erneut. Sie bekam ein Kind. Ihr zweiter Mann hatte die Eigenart, sehr eifersüchtig zu sein. An einem Abend konnte sie die Tür nicht schnell genug aufriegeln. Ihr wutentbrannter, alkoholisierter Mann stürmte herein und warf das Baby tot. Sie verließ ihn, saß hoffnungslos unter einem Baum. Hier begegnete sie ihren dritten, mitleidvollen Ehemann. Obwohl reich, ereilte ihm auch der Tod. Die Familie ihres Mannes begrub sie lebendig. Grabräuber retteten zufällig die begrabene. Wegen ihrer Schönheit nahm der oberste sie zur Frau. Dieser starb durch Schlägerei. Daraufhin kam sie erneut unter die Erde. Wilde Tiere buddelten sie wegen dem Geruch des Leichnam aus. Mit letzter Kraft kroch sie aus dem Boden. Nach der Erholung fragte sie sich, unter welchem Schicksal sie unentrinnbar stand. Dann fand sie Schutz in der ersten, Buddistischen Gemeinschaft. Sie suchte Rat bei Buddha, worauf sie mit der Ursache und Wirkung bzw. mit dem Karma konfrontiert wurde. Gute Taten bewirken gutes für andere und für sich selbst.

Mitgefühl

So unbekannt dieses Wort dem normal sterblichen klingen mag, die Bedeutung führt die natürliche Humaneigenschaft aus. Ohne sie könnte ein spanischer Moktezuma nicht gestürzt werden. Als unschuldige, altamerikanische Jungfrauen geopfert wurden, war das Gefühl umso echter. Wehe die Wahrheit kommt ans Tageslicht. Hohes Ziel oder satanisch? Je länger man die Nationalitäten der Neuen Welt unterdrückt, desto mehr fühlen noble Asiaten mit ihnen. Ja, die Leidvollen kennen den Schmerz. Ein gerechter Herrscher regiert mit. Seltsame Ansichten, doch Bekehrten bekennen sich zu ihrer christlichen Bestimmung. Ihre Großeltern nahmen die fremde Religion an. Aus dem kollektiven Überbewußtsein geben Moslems Almosen. Aus demselben gaben die guten Hebräer Maria und Josef Zuflucht. Inder mögen das Leben mit den animalen Vegetarier. Sie stellten sich nicht als Plagen heraus. Alle sind bestrebt, gut zu leben. Das, was Leid verursacht, macht den wahren Buddhisten traurig. Ihr eigenes bestärkte sie in ihrem Entschluss für den Edlen Pfad. Eine Schicksalshistorie. Die geprüften fragten nach dem Sinn des Lebens. Afrikanische Sklaven hatten lange nicht verstanden, aus welchem Grund die Besitzer ihnen das Recht auf Leben verwehrte. Schließlich fanden sie Helfer in Amerika. Einige hatten studiert, z.B. Dr. Martin Luther King. Mangelnde Anerkennung von Schicksale erhärtet die gesellschaftliche Verelendung. Unwissende Farmer z.B. wußten sich nicht selbst zu helfen.

In der Großen Mitgefühl-Dharani suchte Buddha nach der universellen Wahrheit und erinnerte sich an die Buddhas der entfernten Vergangenheit und noch weiter davor. Von der vorweltlichen Göttin der Barmherzigkeit kamen die heiligen Worte "Om Mani Padme Hum". Viele hinduistische Mantras beginnen ebenfalls mit "Om ...". Im Wörterbuch ist das die heilige Sanskrit-Sprache. Ehemalige, analoge Bedeutungen klammern wir nicht aus. Ihrer Aussprache zufolge sind Gemeinsamkeiten mit den einfacheren Vokallauten im Großraum Malaysia-Indonesien-Guinea herauszuhören. Nicht umsonst nannte die Britische Großmacht das Gebiet (Übersee-) Ostindien. "Om" hat eine vietnamesische Bedeutung, "Ma" eine fernöstliche, "Ni" chinesische, "Pad" thailändische, "Me" khmer. Noch einfacher sprechen die Aborigines. Die Dharanis wurden in Veden u.ä. ausführlich erklärt, woran sich die frühesten Gelehrten sich noch erinnerten. Mit anderen Worten, Sanskrit ist eine neuere Sprache aus dem Uralten bzw. aus mehreren vereint.

Europäische Sprachen stammen aus dem Lateinischen, Griechischen, Keltischen. Die Buchstaben sind ähnlich anders. Die geozentrische Weltsicht wurde aus dem Reich am Mittelmeer übernommen. Besiedelte Inseln wie Zypern, Malta u.a. sind vom Meer umgeben.

Riesenbäume

Anscheinend stehen sie nur in Amerika. Normalerweise messen wir ihre Höhe nicht. Es ist möglich, auf normalen Bäumen zu klettern. Für die Riesengattungen bräuchten wir Bergkletter-Ausrüstungen. Buddhistische Texte beschrieben sie unsagbar detailliert. Auf den ersten Gedanken erinnern sie uns an fantastische Prachtexemplare. Der Unterschied zwischen der wissenschaftlichen Sichtweise und der religiösen trennt Welten. Nichts ist überzeugender als das was wir sehen, anfassen, fühlen, schmecken, hören, spüren und riechen können. Etwas imaginäres läßt sich nicht bestätigen. Ein kleines Kind kann nicht fühlen, ob eine Gefahr in der Stadt herumschlummert. Allein der Autoverkehr lassen uns bangen. Ein Mensch kann ~100 Jahre alt werden, eine Religion vielmehr. Die heilige Texte zeigen die Gefahren auf. Offenbarungen beziehen sich auf eine gefahrvolle Situation, aber auch normale Begriffe des Glaubens. Nichtsdestotrotz können wir nicht alles verstehen, was geschrieben steht. Jammerschade. Glaubensansätze wollen überzeugen. Niemand ist gewillt, an alles zu glauben. Jetzt zu den Eichen. Wie kommen die alten Kelten darauf, das ehrfürchtige Unikat anzubeten?

Im Glauben kommen die ursprünglichen Bedeutungen wieder zurück. Die Eiche war in seiner Evolution überaus riesig. Wir Menschen sind unterschiedlich groß. Riesenbäume hatten verschiedene Namen erhalten, doch generell weichen sie voneinander ab. Manche Erscheinungen waren überdimensional, besonders wenn wir klein sind. Stichwort Kindheitsaugen. Unzählige Vorgänger glaubten an die heiligen Bäume, sagenhafte Inkas, Kelten, Christen, Hebräer, Moslems, Hindus, Buddhisten. Somit haben wir im Gesamtkontext zu etwa 90% mit einer Wahrheit zu tun. Erdölführende Erdschichten belegen ihre Existenz vor sehr langem. Auf Borneo (Indonesien) wachsen 80 Meter hohe Bäume im Dschungel.

Viel Wissen ist verloren gegangen. Daher grübeln wir in Unkenntnis. Biologisch läßt sich unsere Erfahrung nicht vererben. Der vielbesagte Werteverfall ist das Ergebnis religiöser Abneigung. Seit jeher hat das Gerede die Gemüter erhitzt. Wir sollten es nicht aufbauschen. Wenn Sie wollen, wird die heutige, bürgerliche

          Warum existiert alles natürliche?

Demokratie mehrheitlich von ziellosen Unwissenden gestaltet. Fachgremien sollen Abhilfe schaffen. Die Frage bleibt, ob sie an sich selbst glauben oder an das Gute.

Wertevermittlung

Der Glaube an das Höherwertige brachte manch wichtige Persönlichkeiten hervor. Schade, daß sie nicht vom Himmel fallen. Stellen wir uns eine Reise im Mittelalter mit Kutschen vor. Gewünscht hatte sich der Adel ein selbstständig fahrendes Vehikel für die strapaziösen Beförderung. Aus dem Automobil kamen nach und nach alle moderne Transportmittel. Vorbilder sollen uns den Weg pflastern. Eine Seeligsprechung verfolgt diesen Zweck sorgfältig. Im Maya-Reich wurde ein Heiler, der Schlangenbisse neutralisieren konnte als eine Gottheit verehrt. Die moderne Apotheke hat seit langem das Symbol der Schlange auf einem Stab bekommen. So sagenhaft die medizinische Heilkraft, die vorchristliche Haltung von Schlangen hatte Symbolcharakter. In ihnen befand sich das Gegengift für tödliche Schlangenattacken. Schnell reagiert, kann ein Opfer gerettet werden. Ein Notfall wird mit Sirenen auf Krankenwagen verkündet.

Manche Schamane beherrschten ihr altes Handwerk sehr routiniert, was wir von faulen Ärzten nicht behaupten können. Wer rettete die Patienten besser? Je geringer Individuen als Gesprächspartner geschätzt werden, desto mehr sterben an Vernachlässigung. Von einer Gottheit Mittelamerikas zu modernen Schamanen in weißen Kitteln hat der Wandel sich vollzogen. Wären wir ernst bei der Arbeit, hätten wir mit glücklicher Hand eine Reihe von Superheilmitteln erfunden.

Buddha erkannte vor ca. 2500 Jahren die Zeichen der Zeit. In dieser kamen die heiligen Werte wieder zum Vorschein, viel sinnvoller als sich für Kriege und dergleichen zu angagieren. Der Buddhismus gründete eine Schutzgemeinschaft für Hilfebedürftige. Nebenbei predigten die Mitglieder die humanen Vorzüge. Ohne die Götterdämmerung verhallte das vielsagende Gebet schnell. Wir zählen die abnehmende Anzahl von Gläubigen weltweit, obwohl die Weltreligionen ständig präsent sind. Materialistisch geprägt, die Gedanken vieler Pilger sind mit Alltagsproblemen behaftet. Der

                    Warum existiert alles natürliche?

Preis ist der Verlust der Glaubwürdigkeit. Den nächsten zu lieben, beschränkte sich überraschenderweise auf die eigene Leute. Alte Weisheiten fanden keine Achtung. Es ist Zeit, jeder muss den ersten Schritt für eine gemeinsame Zukunft tun.

Goethe hatte schon die Wörter aus den altindischen Texten entnommen, Verse zu Gedichte umgewandelt. Der Schriftsteller war von einer fremden Welt fasziniert. Das mittelalterliche Theater amüsierte sich mit geballter Wortspiele nach dem Glanzmuster. Das Original will uns viel umfassender erzählen. Es kommt nicht auf die Überredungskunst an. Wir sollten vom Verständnis profitieren. Hier ist das Problem lokalisiert. Wir können nicht an der eigenen Kultur festhalten und gleichzeitig eine fremde verstehen. Mit dieser Methoden können die meisten nicht gut Englisch sprechen, nicht die ägyptische Schrift entziffern. Außerdem buchstabieren kann nicht verstehen sein. Wir können hieroglyphisch sehr gut aussprechen, aber was sagt der Satz aus? Ein Buch über die alte Sprache zu schreiben ist nicht verkehrt, ein zweites über den alten Text. Dabei dürfen keine Denkweise, Vorschriften, Regeln und schon gar keine Theologie den Inhalt betrüben. Die Altpharaonen kannten die Göttin Europa, jedoch nicht das neue Kontinent. Soweit sind wir uns einig. Nur so können wir frei von Beeinflußung den Inhalt verstehen, den die Schreiber uns mitteilen wollten. Zugegeben, das Geschriebene kann viele christliche Begriffe einleuchtend erläutern. Echte Werte sind nicht vergänglich. Angst vor der Verfälschung des Morals ist in keinster Weise begründet. Seien wir ehrlich, Cäsar war ein Feldherr. Er verstand das Christentum nicht. Das uns bekannte Gebet war ihm sehr fremd.

Werte-Akzeptanz

Lesen wir Genesis in Ruhe noch einmal laut vor. Was ist darin wissenschaftlich bedeutsames zu finden? Wir haben Schwierigkeiten, den Inhalt voll zu verstehen. Kein Wunder, sie wurde über eine sehr lange Dauer gehütet und ergänzt. Die Schreiber mussten über viel Wissen verfügt haben. Wir waren damals schon kein primitives Volk, das gesammelt und gejagt hatte. Welche Sprache verwendet wurde, die Originale wurden übersetzt. Eine Fassung wurde ins Arabische übertragen, später bekannt unter dem Namen Codex

Gigas. Diese Werke wurden in einer Hochkultur verfaßt, in der u.a. das Alphabet, die Mathematik längst angewandt wurde. An dieser Stelle sagt die Logik aus, wir werden die Bibel noch viel besser verstehen und mit ihr leben.

Was die Naturreligionen der Kelten und Wikinger anbelangt, sie werden eine wichtige Rolle spielen, sofern nicht vollends verdrängt. Weit entfernt ist der Donnergott nicht. Er sprach mit dem lauten Getöse. Die Blitzankündigung hören wir meistens kurz. Unaufhörlich laut wäre eines Gottes würdig gewesen. Die Inkas hatten den Südwindgott. Sie lebten weit südlich. Frühbewohner hörten die Himmelslaute und verständigten sich mit ähnlich klingenden Stimmen. Naturlaute floßen in die Sprache ein. In einer Zeit waren sie sehr nützlich gewesen. Mit dem Weitererzählen erkannten weiter entfernte Stämme die Gefahren. Sie hielten sich in der Nähe des Meeres auf. Biblisch hörten die Nachkommen Abrahams Gottes Worte nicht mehr. Das ist in der Weise zu interpretieren, dass der Einzelne nicht mehr den Donner, die Urorkane, ein Geschwader von Himmelslauten hörte. An den Südküsten tobten die großen Fluten.

Auf Kreta ruht eine alte, verfallene Tempelanlage (Knossos). Eine Gesellschaft etablierte sich in der Frühzeit, die über seine Grenze bekannt war. Hier war das Zentrum der griechischen Antikenwelt. Viele Werte wurden übernommen. Wir finden sie weit zerstreut im heutigen Europa. Eine baumkarge Insellandschaft kann keine Versorgung eines Zentrums beibehalten. Zu lange wurde der Boden beansprucht. Aus einer hochgeachteten Kultur wurde ein einfache Gemeinde, in der Schafe gehalten werden. Solche Fleckchen Erde verdient eine zweite Chance. Wir müssen zuerst Bäume pflanzen. Sie bilden einen Schutzraum für das Wild. Plantagen würden Erträge bringen.

Urindische Werte

Geografisch zu Asien gehörend (Gewürzziel), haben viele gemeinsame Glaubensansätze das indische Leben geprägt. Worte, Gesänge, Instrumente und Tänze zusammen bildeten das Ensemble der Bäume im Wind, Himmelslauten, das Erschüttern der Vegetation zum lebendigen. Halbbilder der Sonne in den alten Tempelruinen Sri Lankas erschließen die Bedeutung in den Vorgängerbauten, wonach die Sonne am und nicht über dem Horizont stand. Regionen weiter südlich waren von der Ausprägung nicht betroffen. Am Ende einer langen Epoche schien in Sri Lanka das Himmelslicht in vollem Glanz. Ihre Bewohner erweiterten die Heimat. Neue, fruchtbare Äcker brachten viel mehr Ernte ein. Das war Zeit, mächtige Tempel aus dem Boden zu stampfen, die die volle Sonne verherrlichte. Weite Strecken in einer neuen Zeit machten die Ergänzung des unverzichtbaren, heiligen Wissens notwendig. Viele Versionen kamen zu Tage, mit ihnen viele Kalender. Zum Beispiel beschützten der heilige Garuda, die Nagas und weitere Vertreter den Hochgott Vishnu. Alte, Buddhistische Götterbildnisse haben einen Feuerheiligenschein. Über der Mongolei bekam die Göttin der Barmherzigkeit das männliche Synonym "Der mit den Augen sehende". Buddha pilgerte vor ca. 2500 Jahren zu Fuß bis nach Sri Lanka. Weiter südlich gelang man auf das offene Meer.

Ein Blick auf die alten, hinduistischen Tempel mit vielen Ebenen der weltlichen Reiche (Burg als Miniformat) läßt uns die Urzivilisationen erkennen. Sie sind das Abbild der Welt. Im Gebet fühlten wir uns verbunden -

gehörten wir zusammen. Gegenwärtig haben viele Nationen in niedrigen Lagen Schwierigkeiten, sich über Wasser zu halten, im wahrsten Sinne des bildlichen Wortes. Heilige Bilder sagen mehr als Tausend Worte. Es besteht keine Alternative, als sich in der Nähe des Gewässers aufzuhalten. Insofern sind wir längst herabgestiegen. Sobald das kostbare Naß ausbleibt, siehe Wüstenregionen, verschwinden auf dem selben Fleckchen Erde vieles Leben, das wir kennen und schätzen gelernt haben. Hohe Nitratkonzentration im Trinkwasser ist zum Beispiel ein Vorzeichen für das Ausbleiben von regelmäßigen, idealen Regenfällen. Für eine konstante, ökologische Ertragssteigerung fehlen schlichtweg die erforderlichen Wolken. Keine Sorge, auf den Bergen der südlichen Hemmisphäre wird sich die Feuchtigkeit erneut ansammeln. Ja, wir werden uns früher oder später auf sie begeben. An den Küsten hat die Vegetation längerfristig gute Chancen. Vorsicht ist besser als Nachsicht. Tektonische Aktivitäten werden uns zu den eiskalten, dunklen Zonen schieben. Mit dieser Realität sollten wir gewohnt sein und die Finsternis meiden, spricht zu den erträglichen oder hellen Zonen wandern. Das betrifft zwar die Zukunft, dennoch unsere religiöse fängt schrittweise an.

Diversität

Ein Begriff in aller Munde, kam aus der Religion. Der Vielglaube Urindiens verbreitete sich seit alters her. Der Kosmos umfaßte das Gesamte, die sichtbare Welt. Kleine, große, junge, alte, übergeordnete, urweltliche Götter in Gestalt waren geachtet, idealisiert in ewiger Erscheinung. Irdische Geschöpfe sind einzigartig zahlreich. Was damit gemeint war, wurde festgelegt. Leider hatten die Sprecher das wörtliche nach einer bestimmten Seite hin umgeändert.

Streng analytisch gesehen, war die uralte, vielsagende Religion viel umfassender als die erklärbare, welcher wir nicht vielsagend Beachtung schenkten. Zum Beispiel galt der Mann als stark, die Frau als schwach, der Mensch als intelligent, der Affe als primitiv instinktiv, unspezifische Kräuter als Unkraut, Bakterien als etwas seelenloses. Seit wann nimmt das Bakterium uns als Nahrung wahr? Seid dem Beginn der Evolution. Innerhalb des Urwalds tummelten sich das vielfältige Leben im Boden, auf der Oberfläche, in Schutzräumen und in der Luft. Hochhäuser bieten uns Sicherheit, wo vergessene Reiter galoppierten. Solche Monumente stammten von den Göttern. In unserer Wohnung beschützen gesellschaftlich gesinnte ihre Haustiere und Nutzpflanzen. Fernöstliche Familien adoptierten wildfremde Kinder, ließen sie an ihrem Glück teilhaben. Es wäre mehr als schade, wenn eigene Söhne oder Töchter alleine aufwachsen müssten. Gebrechlichen unter sich zu haben war niemals eine Schande. Jung und Alt helfen sich gegenseitig.

Zu unserer Überraschung versinnlichte die Göttin Lakshmi den irdischen Frieden, den Reichtum an allen Vorzügen, vergleichbar im einzig wahren Paradies. Sie wurde verehrt, weil ihre Zeit gekommen war. Wir leben inmitten ihrer Welt. Wir bekamen sogar die Vorteile der rangniedrigen Götter zugewiesen.

Warum ist die uralte Diversität den heiligen Wert umfassender einnimmt, zeigt die Einsicht vom Ursprung des Lebens. Unter der Sonne wächst alles heran, sowohl das Getreide, die Wale, Menschen, als auch Insekten. Das Tempo varriiert, aber sicherlich rasant in einer optimalen Umgebung. Von derartigem träumen wir nicht einmal, nehmen Experten aus Trivialität keinen

  Warum existiert alles natürliche?

Notiz davon. Uns wurde vermittelt, der Mensch sei das höchste, das edelste unter den Geschöpfen. In Wirklichkeit: Wir leben und gehen unter mit den Mitgeschöpfen in einer begünstigten, globalen Lage. Sodann erleben wir die gute wie die Schattenseite der begehrten Existenzberechtigung. Dieses Teilwissen hatten unsere Götter in der Urwelt. Sie förderten alles Leben gleichermaßen, nicht zum guten und nicht zum schlechten. Wer kann behaupten, die mit Abstand weit vor uns könnten niemals intelligenter gewesen sein? Die Klugheit variiert, die Diversität variiert.

Anatomisch kann unser Magen sehr unterschiedliche Nutzpflanzen verdauen, weit mehr als tierisches Fleisch. Im Laufe der Evolution spezialisierten sich unsere Organe. Fleisch war wohl wegen dem Blut kostbar, ernährungstechnisch bei fehlenden Pflanzen. Knusprig fritierte Insekten, Sushis oder geschmortes Hundefleisch stoßen ab. Wir müssen uns zuerst an solches Essen gewöhnen. Das Wild schmeckt intensiv. Kräuter verleihen dem Gericht die Topnote. Nur das gekochte Korn und die Früchte genießen wir ohne Zusätze. Getrocknete Haferflocken sind roh essbar. Also haben wir Tiere nur zum Schutz, als Reserve oder Milchlieferant domestiziert. Die Getreidekammer der Urzeit waren nicht zu übersehen. Im Urwald gelten Insekten, Ungeziefer, Kriechtiere, Schlangen u.ä. als Heilmittel. Unser Organismus ist gegen Krankheiten nicht gefeit. In früheuropäischen Wäldern vermehrten sich die zähe Wildschweine sehr gut, in alten Städten die Ratten.

3 – Wassermangel

Touristen ziehen es zu den Grand Canyon der USA. Nicht nur die Panorama ist atemberaubend. Die großdimensionale Landschaft fasziniert uns in der Verhälthis, wie klein der Mensch doch ist. Das Fehlen der Bäume vermittelt uns einen unwirtlichen Gegend. Weiter fragen wir nicht. Wann überfluteten Urströme die Täler? Der sogenannte Ort "Great Gallery" in Horseshoe Canyon erzählte in Bildern die Geschichte der Urströmen, die über mehrere Höhen herabstürzte. Wie lange würde es dauern, bis Ströme wie die Niagara Fälle verschwanden? Zusätzlich ist das ganze Süßwasser verschwindend gering übrig geblieben. Die lokale Zeit der Schneeschmelze kommt erst in einer Welt wieder. Auf halber Strecke sammelt sich zuallererst die weiße Bergpracht auf gleichen Breiten. Sie schmilzt hin und wieder. Das passierte in Südamerika der Vorwelt. Dort lagen die Gletscher. Im heiligen Tal von Moray wurden hingegen Speichertäler angelegt, um das kostbare Regenwasser doppelt zu verbrauchen (Feldwirtschaft & Trinkwasserreservoir) und den Verdunstungsgrad zu messen. Konkret bilden sieben Terrassen die runde Sonne. Diese uralte Erfindung in einer günstig gelegenen Position erklärt die weltweit verbliebenen Getreideterrasen als Folge von tektonischen Verzerrungen. Bepflanzungen auf Stufenebenen wurden erweitert. Das Sandbaden war seit sehr langem bekannt gewesen.

Nach dem Winter kommt der Sommer. Vierjahreszeiten ließen sich in zwei reduzieren, in extrem kalte und extrem warme. Faktisch wurden die Täler in der ersten Phase genutzt, in der zweiten ruhen gelassen, in der dritten kurzfristig verlassen, in der vierten kurzzeitig zum Acker umgewandelt. Nach einer langen Periode fanden unwissende Gruppen zum Teil intakte Anlagen wieder. Binnen 5000 Jahre entdeckten unschuldige, chinesische Vermittler zahlreiche, verlassene Höhlen, die erneut Verwendung fanden. Stichwort massive Gottheiten- bzw. Buddhastatuen.

Liegen Großstädte des 21. Jahrhunderts an einem Fluß? Das ist zu bejahen. Insulaner ohne Flüsse sammeln den verläßlichen Regen. Wir lieben das saubere, klare Gebirgswasser. Sanitäre Einrichtungen und urbane Kanalisation sorgen nach dem Verbrauch für den Abfluß der stinkenden Brühe. Erfindungen folgen der hohen Nachfrage. Sie sind uns selbstverständlich geworden. In Indien sollten Toiletten auf dem Lande Standard setzen. Wie dem auch sei, der Regen ist nicht immer garantiert. Das Paradoxe: Haushaltsanschlüsse kündigen vom Beginn eines lokal schwindenden Flußreichtums. Der Gestank nahm zu. Es ist eine Frage der Zeit, bis große Seen von der Oberfläche verschwinden. Frühe Bürger auf Kreta mussten nach einem Vulkanausbruch aus ihrer modernsten Stadt fliehen. Wir können sagen, das kleinere Mittelmeer führte einmal Süßwasser.

4 – Seeriesen

In dieser klimatischen Minikosmos lebten zahlreiche

große Seetiere (Schlangen, Nilpferde, Aligatoren, etc.). Große Skarabäen (bis 1,5 m) müssten von sehr großem Dung profitiert haben. Die nacht- (Frösche) und tagaktive Fauna formte biologische Bizarrheiten. Das aufwühlende Seewasser förderten die Entwicklung von Riesenmeeresarten, Beispiel gefährdete Riesenmuschel auf den Phillipinen von einem Meter Größe. Zwischen den Unterseekräften würden die kleinen Weichtiere sonst gegen das Gestein zerschellen. Die Tendenz hin zu aufkommenden Wellen in Verbindung mit Orkanen auf den Nordozeanen wird an Intensität zunehmen. Kleine Lebewesen könnten von starken Winden wie Spielbälle über die Landschaft gerollt werden. Auf lange Sicht werden Normalrassen an Größe wachsen. Danach wird die Permahitze die nördlichsten Zonen befrieden. Natürliche Kleinhumanen sind vorprogrammiert. Noch ist es noch nicht so weit. In einer Viertelwelt werden die Phänomene auftreten, d.h. in (9-2,5)*5125 = 33.313 Jahren.

5 – Globaler Schneewall

Unser gewohntes Bild: Schmilzt der Nordpol, dann

bleibt der Südpol weiß. Auf dem hohen Norden wird die durch längere Sonnenscheindauer bedingte Temperatur in die Höhe schnellen. Mehr Feuchtigkeit steigt in die Luft und verteilt sich auf den Erdsüdteil. Wo denn sonst? Wolken werden die kondensierten Tröpfchen bis in die Frostzone bringen. Schnee fällt an den Rändern des Permafrostes am meisten. Das wird der Äquatorgürtel sein. In diesem wird weiterhin der Tag und die Nacht das Geschehen prägen. Er wird grob geschätzt zwischen den 30. Breitengraden zu finden sein. Wasservorkommen auf der Nordhemmiphäre wird im Vergleich geringer ausfallen. Kleinwuchs wird über dem 30. Nordbreitengrad vorherrschen.

Aufgrund tektonischer Aktivitäten läßt sich eine Vorhersage nicht realistisch generieren. Der globale Schneewall wird dynamisch nach Norden wandern, d.h. die Kontinente bewegen sich südwärts. Sie werden erneut komprimiert und gefaltet. Viel mehr hohe Berge sind das Ergebnis. Ab der Mitte der nächsten Welt werden die Kontinentensüdteile sich ausdehnen. Ihre Flächen werden sich nach und nach flach ausstrecken. Ein zusätzlicher Faktor in der leichten Bewegung der

          Warum existiert alles natürliche?

Pole liegt vor. Sie sind dem Anschein nach nicht konstant an einer Stelle behaftet. Ein solcher Fixpunkt läßt sich sehr schwer ermitteln. Auf den Bergketten werden die Hochkulturen der nächsten Welt ihren angestammten Schutzplätzen ausbauen.

Dauer für die Bewohnbarkeit Feuer- und Neuseelands können die Zeit für eine Welt überprüfen. Mit modernster Technologie würden wir noch wesentlich länger dort aufhalten können. Für eine Periode wird die Sonne immer wieder zurückkehren. Dies täuscht uns nicht von der Tatsache, daß die Nacht immer länger und schließlich der Tag verschwinden wird. Mensch und vorwiegend tagaktives Wild können sich auf dem Eis ausbreiten. Unser Körper produziert Eigenwärme, verbraucht zur Kompensation effektive, kraftvolle Nahrung sowie den Sauerstoff in den Höhen. Permafrost hält danach alles fest im Griff. Permanent ohne Sonne zu leben, dürfte in genetischer, gesellschaftlicher und zwischenmenschlicher Hinsicht sehr problematisch werden. Die Götter hatten vollkommen deutlich zu uns und unseren Vorväter gesprochen.

VII. Heilige Verdienste

Eine Demonstration für die Wichtigkeit von Tempeln: Sie belegen einen festen Platz in den Hochkulturen. Wir müssen uns exakt nach den geistlichen Lehrinhalten halten. Wissenschaftliche Auswertungen sind nicht annähernd halb wertvoll, würden wir Fakten verschleiern, ignorieren oder aus Unwissenheit voreilige Ergebnisse präsentieren. Auf den Archäologen werden viel mehr Aufgaben zukommen. Keine Frage. Zum Beispiel werden wir uns nicht nach dem Wieso wundern, weshalb ein Stein an einer bestimmten Stelle auf dem Ruinenfeld steht. Stattdessen werden wir nach der Bedeutung des Objektes im Kontext der Gesamtanlage in Erfahrung bringen wollen, also was die Lage des Steins symbolisiert. Was besagt die Auslegung der Megalithe in Stonehenge? Kein Mensch setzt sinnlos tonnenschwere Gesteinsbrocken in die Landschaft. Die heiligen Botschaften stehen fest geordnet in den Ruinenresten.

Enorm heilige Informationen Altindiens können wir nicht resolut außer Acht lassen. Die Essenzen

          Warum existiert alles natürliche?

auszuwerten setzt Kenntnisse jenseits vorstellbarem voraus. Experten machen ihre Arbeit für die zahlenden Auftraggeber gut. Sie müssen. Theologen vertreten von vornherein eigene Ansichten. An wen sollen wir uns wenden? Bohrende Fragen stellte sich Hoheit Siddharta, als er eine Antwort nach dem körperlichen Verfall suchte. Jemand mit hoher Bildung hielt sich an seine übliche, asketische Tradition. Dazu müssen wir wissen, der Prinz wurde zum Hüter des königlichen Schatzes ausgebildet, nämlich des heiligen Wissens und er kannte die Antwort nicht. Normale Bürger würden den Tod als selbstverständlich annehmen, aber nicht jemand von königlicher Abstammung. Bevor wir tiefer in die Materie einsteigen, sollten wir einiges klarstellen. Alle tiefgründigen Wörter auf der Welt stammten von den Göttern.

Götter

Für monotheistische Religionen ist Gott der Allmächtige. Basta. Ende der Diskussion. Indische Urgelehrten kannten das Wort viel ausführlicher. Man könnte buchstäblich ein ganzes Buch schreiben, um die

Bedeutung von Gott zu erklären. Wollen wir die Kurzfassung oder langen Bände? Da alle Konfessionen ihre Werte vermitteln, wollen wir uns daran festhalten. Analog zum Olympischen Geist sitzen Gottheiten auf verschiedenen Hierarchiestufen. Zu den unsterblichen Göttern gehören: der Sonnengott, die Mondgöttin, der Erdgott, Gott der Nacht, des Tages, Berggötter usw. Die höchsten sind die, die die Gläubigen zu allen Zeiten mit eigenen Augen sahen. Buddha war eine Persönlichkeit, die die weisesten aufsuchten. Aus der Fürsorge für die mitfühlenden Wesen beantwortete er die Fragen der Menschheit.

Äußerlich spirituell und innerlich allumfassend Erleuchteten in den Welten werden demnach als Buddhas bezeichnet. Shakyamuni nannte 7 höchsten in 7 realen Welten. Er war Teil der Buddhaschaft in verschiedenen Richtungen dieser Welt. Sie sind sterbliche Götter in hinduistischer Auslegung. Siddharta wurde aus der inneren Einsicht, eine Rückbesinnung auf die transzendenten Kernaspekte, äußerlich erleuchtet. In einem Leben kann ein erfahrener Buddhist zum Buddha reifen oder eben nach vielen Wiedergeburten.

          Warum existiert alles natürliche?

Die Heiligkeit beschreitet verschiedene, heilvolle Stufen. Seine Wirkzeit kann einige Äonen betragen. In dieser erschafft er Existenzen wie Buddhisten oder mitfühlende Wesen. Auch heilige Lehren, Götter und Tiergottheiten bringen Leben hervor. Eine Verehrung der Kuh oder des Maises nährt die gesamte Anhängerschaft über eine bestimmte Zeit. Weisen, Bodhisattwas legten Grundlagen für das Aufkommen von Hochkulturen.

Daneben erscheinen unsterbliche Götter und verschwinden nach einer kosmischen Dauer, ehe sie wieder sichtbar, hörbar, fühlbar, riechbar, tastbar, genießbar (Eisgottheit) werden. Die Dynamik einer Zeitraffer erweckt die elementaren Götter zum Leben. Sie existieren seit eh und je, weit vor den Biowesen. Erst der Denkende nahm Notiz davon. Er rätselte über die Himmelsgesetze, die Übergöttlichkeit. Göttliche Botschaften beziehen sich auf die in vergangenen Welten. Einfach ausgedrückt, heilige Versammlungen hinterließen uns erreichbare Ziele von überwichtiger Bedeutung. Buddhas und dem Verstand zugewandte Götter vermitteln ihre heiligsten Worte.

In der Tat können nicht alle Zivilisten den Sinn umfassend verstehen. Zweifel und Sabotagen verhinderten den Durchbruch der wahren Absichten. Daher die unterschiedlichsten Halbgötter. Wie gute Pilger fungieren sie als Vorbilder für ihre Anhänger. Manche wandern mehrfach betend um einen Berg und zeugen (indirekt) Respekt für eine Gottheit. Einige nehmen die schnellen Abkürzungen in Kauf. In heiligen Texten werden die unvollkommenen, teilweise falschen Leitfiguren oft erwähnt. Wie überall behalten sie für eine Weile ihre Pilgerschaft. Gott oder Buddha sprach zu uns. In etwa adressierten die vollkommen mehrschichtigen, höchsten Bewusstseine ihr gesamtes Wissen an uns. Denn sie handeln nach ihren göttlichen Prinzipien. Sie waren absolut frei in ihrer Entscheidung. Für die Laien charakterisieren sie die Himmelswesen, Einigkeit, Tapferkeit, den Weltfrieden, höchste Güte, was der denkende Mensch allzu bereit anstreben will, nämlich wie die Heiligen zu sein. Deswegen werden die göttlichen, phänomenal facettenreichen Texte wieder und wieder vorgelesen.

Gottheiten vertreten ihre Sphäre. Männliche, weibliche,

 Warum existiert alles natürliche?

kindliche, tierische, pflanzliche befinden sich unter ihnen. Wurde uns die Bedeutsamkeit in den Schoß gelegt? Jedenfalls repräsentieren sie jeweils etwas, das ohne Wasser nicht aufwachsen kann.

Sehr weit westlich von Urindien existierte laut Buddha Shakyamuni das Reine Land von Amitabha bzw. Amitayus, dessen Oberfläche mit Gold bedeckt, die Landschaft mit kostbaren Edelsteinen aller Art geschmückt war. Beste Musik hallte im Reich. Farben der Blumen in Verbindung mit natürlichem Farblicht wurden geschildert. Duftende Gewächse prägten den Ort. Licht und Blumen in Farben zusammen mit harmonischer Musik sind ein Zustand von reinster Erfüllung. Gold und Edelsteine nutzten der Verehrung. Sie kündigten von einer optimalen Welt, die es zudem einmal gegeben hatte, jedoch wieder verschwand. Die universellen Lehren wirkten für eine Menge von Zeiteinheiten. Räucherwerk werden nach wie vor bei Gebetszeremonien verwendet, ehemals auch Gold und Edelsteine. Blumen, musikalische und melodische Begleitung, Friedensbotschaften spielen spirituell eine überragende Rolle.

Offiziell beriefen sich japanische Kaiser auf ihrer göttlichen Abstammung. In ihrer Naturreligion wurde die Sonne an erster Stelle angehimmelt. Wikinger orientierten sich an Thor und kämpften mit Odin für eine gerechte Sache. Speere alias Blitze gehörten zum Repertoire. An einem einzigen Gott zu glauben kam ihnen schwach vor. Schnelligkeit und Unbesiegbarkeit zu zeigen kostete sehr viel Leben. Ein kurzer Moment der Andacht reicht völlig aus, um zu erkennen, daß Krieger niemals mit einem Unsterblichen mithalten kann. Gegner weichen ihrer Entschlossenheit aus. Hexen fürchteten sich vorm brennenden Scheiterhaufen. Man hatte das olympische Feuer mißbraucht. Aus Streben nach Frieden bekam der Fakel seine hohe Bedeutung während der Olympiade zurück. Außerhalb des heiligen Bodens lässt sich das gefährliche Feuer auslöschen. Die vielbeachtete Bibel wurde in der hebräischen Schrift verfasst. Alle Wörter, ob übersetzt oder nicht, werden aus ihrem hebräischen Kontext deutlich. Jüdische Tempelgänger predigen mit "Shalom" ihre friedlichen Absichten.

Asket

Ein Mann entsagt der bürgerlichen Welt. Welcher Mann will von Natur aus keine Frau zur Seite haben? Möchte eine weibliche Person nicht mit einem Mann zusammenleben? Solche Fragen lassen sich individuell beantworten. Bewußtes Alleinesein belastet nicht. Es verfolgt einen höheren Zweck im Leben in der Verbreitung des Glaubens, der in der Lage ist, mehr Leben zu retten. Damit ist das lebenslange Lernen verbunden. Von selbst können wir ab und zu den Umständen entsprechend weise werden. Zu schade für unser Denkorgan. Ausgebildet ist ein Mann in der isolierten Einöde lernfähig. Negative Beeinflußungen können die Gedanken jederzeit leicht zerstreuen. Rechte (= richtige, heilvolle) Konzentration fließt in das rechte Handeln ein. Das Praktizieren nützt der Allgemeinheit. Zum Beispiel wollen wir ein Feld bestellen. Ungeachtet der Art können wir das Getreide erhalten. Unangetastet läßt sich unser Nichstun nicht erklären. Pächter geben ihr fruchtbarer Boden schließlich zum Anbau frei.

Ein Asket versucht, Wissen zu erlangen. Außer sein Körper kann die Umwelt als eine Illusion betrachtet werden. Wenn man in den Augen anderer nicht als schön erachtet wird, wird man von der Betrachterin abgelehnt. Fakt ist: Man verläßt sich sein Leben lang auf sich selbst. In einer falschen, betrügerischen Umwelt steht nichts über das "ich". Mit der Erkenntnis nehmen wir die Realität viel leichter an. Heilige sind Vorbilder. Sie sind zu 100% zu vertrauen.

Darüber hinaus hatte die ununterbrochene Tradition für das Überleben des Spezies Mensch sichergestellt. Die unübertreffbaren Weisen tragen Sorge, die Fügung sicherzustellen. Das Zurückfallen in der gemeinnützigen Entwicklung hat den Fortbestand seit Äonen gefährdet. Heilige Persönlichkeiten sind extreme Raritäten, kein Musterexemplar nach Vorlage, sondern geben die Richtungen vor, weil sich die meisten daran halten vermögen.

Gottheiten

Sind das Pendant zum Göttlichen. Ihre Verehrung komplettiert das gesamte Bild. Sie existieren für sich und interagieren miteinander. Im Alten China glaubten die Bürger an die Mondgöttin, die nur einmal im Jahr ihr Wohnsitz verlassen durfte, um Bericht an den göttlichen Kaiser zu erstatten. Wie Musik die Tänze begleitet, verstärken Bewegungen die Lyrik. Tanzen symbolisiert die sehr turbulente, chaotische Urwildnis, die sich innerhalb von Sekunden ändern kann. Musik klang in der Urfassung wild, donnernd, aufbrausend, zischend. Gottheiten begleiten die Lebewesen. Zur Verinnerlichung müssten die Gebete bzw. Versen immer wieder ausgesprochen werden. Auf vier Kontinenten gehörten Sprachen, Bilder, Schriftzeichen, die abgeleitete Alphabetenwörter zum Standardwortschatz. Über die Kommunikation werden Einzelwörter sinngemäß kombiniert. Die Information steckt in den mündlichen, schriftlichen, kulturellen Zeugnissen.

In Skanda Purana werden 6 Eisgottheiten (Urgletscher) genannt, die zum Gott Himalaya einzuordnen sind. In der dynamischen Wandlung des Feuergottes Agni schmolz das Eis aus den 6 Hochtälern und floß zum Strom Ganges. Hier war das Eiskindgott mit den 6 Köpfen zu finden, der restliche Urvorläufer der 6 Urgletscherschienen. Aus den Gebeten in Form von Veden und Epen wurden die meisten Wörter neu erschaffen. Der Wortschatz erweitert sich bis zum heutigen Tag. Mit Sprachen und der Schrift verständigten sich die heilige Clans. Siddharta Gautama war Nachkomme des Gottes Gautama.

Heilige Wesen waren sehr weise, nicht so ihre Kinder. Sie spalteten sich in Gottheiten und Dämonen auf. Ihr Wissen war identisch, wurde aber für verschiedene Auffassungen eingesetzt. Die positiven und negativen Bedeutungen haben sich nach vielen Perioden durchgesetzt. Es gilt: Das Karma hatte diesbezüglich 2 Bedeutungen, gutes und schlechtes. Nützliche, heilvolle Taten führen in der Zukunft zu einer heilen Ära, in der die Menschheit beachtet wird.

Himmelsrichtungen

Geologisch übereinstimmend kannten die Inkas, Polynesier, Inder, Ägypter, Araber, Chinesen die vier Himmelsrichtungen, und zwar Nord, Süd, West, Ost. Die uralte Vorgabe kam von der Vorwelt. Der Papst erteilt den Segen und deutet mit der Hand die vier Richtungen. Altindische Quellen beschrieben die genaue Vorgehensweise. Ihre Mönche zollten der

                    Warum existiert alles natürliche?

Menschheit in der Welt Respekt. Inkas meißelten die feinere Aufteilung in den Kalender. Überall errichteten sie ihre Tempel und Pyramiden. Das Musterbauwerk in Chichen Itza auf Yucatan besteht aus 9 Plateaus. Geehrt wurde die 9 Bergwelten. 4 Riesenwasserbecken in 4 Richtungen erwiesen das heilige Wasser der Erde die Ehre. Polynesier fuhren über das Meer mit der Kenntnis der Navigation. Gebäuden haben in der Regel vier Wände auf dem Fundament. Ostinder verlegen ihre Kulturen im Laufe der Zeit nach Westen. Das ist ihre alte, vorgegebene Gebetsrichtung. Mit dem Norden meinen wir den hohen Norden. Die uralte Vorgehensweise war sehr nützlich. Wie, erkennen wir im Ausdruck von 7 Himmel, die in die Höhe gehen. 7 an der Zahl konnten die Glaubenshüter durchlaufen, indem sie nach Norden pilgern. 7 reale Himmel in unserer Welt waren mit eigenen Augen zu sehen. In unserer Zeit müssen wir einfach fest daran glauben.

Buddhisten richten ihre Rezitation in die 10 Buddha-Richtungen. In Sachen Frieden und Wohltätigkeit halten wir Predigten für die Welt. Moslems richteten ihr Gebetsritual in Richtung Mekka.

Heilige Intention

Wurde etwas erfolgreich ausgeführt, wurde es gut geplant. Eine überragend aufrichtige, überreligiöse Absicht fördert die allgemein gültigen Werte. Es ist sinnlos ein Glaube anzunehmen, wenn der Laie abgrundtief seine Abneigung dagegen hegt. Sünde zu begehen, indem die Anhängerschaft gegenseitig aufgewiegelt wird, widerspricht jeglicher Logik. Wir haben heute keine Religionspflicht. Niemand wird für die Annahme genötigt. Den Glauben anderer zu verleugnen, zu beseitigen, zu verunglimpfen, ist mehr als falsch. Ein Beispiel in Italien. Die Mehrheit ist nicht christlich. Sollen alle Bürger sich christlich verhalten? Genau das ist die Frage. Kein Wunder, dass gesunde Menschen innerlich krank werden. Sie sehnen sich nach einer heilen Welt. Bürger für den Frieden umzustimmen, korreliert mit der nutzvoll bewahrten Glaubenslehre. Können Fremde eine Konfession annehmen, können wir ihre respektieren. In ihrer denken wir an unsere. Blüht ihre Kultur, können unsere aufgehen. Gehen viele langsam unter, ist es höchste Zeit, sich darum zu kümmern, denn unser Untergang naht. Aus Rache

                    Warum existiert alles natürliche?

können wir einen Erzfeind stellen, über ihn triumphieren. Das Gefühl beruhigt unser Gewissen. Wir haben die Gerechtigkeit wiederhergestellt. Das jedoch ist eine höchst individuelle Sichtweise. Eine heilige Intention zielt auf das Göttliche Prinzip. Diese Stufe hatten die sterblichen Götter erreicht.

Statthalter hielten sich an die Worte ihrer Heiligen. Die hohen, jüdischen Priester bewahren die Thoras in ihrer Form und in der Schrift. Herrscher der Mayas stifteten den Bau von Tempeln. Inschriften darüber sind erhalten geblieben. Pharaonen waren sehr tüchtig in der Erschaffung von Pyramiden und Tempelanlagen. Ihre Namen stehen fein säuberlich an den Wänden. Nach ihrem Tod schmückten ihre Bilder und ihre Namen die Gräber. Um Mesopotamien fanden Archäologen die königlichen Tafeln mit Schriften und Namen der Erbauer. Die Oberhäupter des Islams hüten den Koran unverändert. Übersetzte Musterexemplare dienten dem Abendland heimlich auf der Suche nach Erkenntnis. Was Kulturstandardwerke waren, ließen sich nicht einfach verdammen. Unwissende halten sich selber für klug, dennoch verheißen ihre rigorose Ablehnung und die systematische Beseitigung von Inka-Bücher nichts gutes. Zukünftige Zivilisationen können kein Nutzen daraus ziehen. Dieses altmenschliche Erbe ist unwiderbringlich verloren gegangen. Eventuell will man uns vor den grausamen Praktiken schützen. Das Gravierendste ist, man erlaubte uns kein Urteil darüber zu fällen. Wieviel Prozent der Weltbevölkerung gehörte dem katholischen Christentum an? 10%, 15%? Das ist nicht die Weltgemeinschaft.

Hochgeehrte, hinduistische Weisen und heilige Namen stehen in den Veden. Gutes Karma anzusammeln führen die Rechten (Richtigen) an ihr Ziel. Erbauer der Tempeln befolgen die heiligen Texte. Sutras gaben die Namen der Versammlungsmitglieder bekannt. Sie hatten großartiges geleistet. Wiederkehrende Buddhas beschützen das heilige Wissen für alle Zeit. Polynesische Statuen und uraustralische Felsen repräsentieren ihr Heiligtum. Große Steine und hohe Gipfel haben eine magische Bedeutung, sind Göttliche Manifestationen. Nordkanadische Eskimos orientierten sich an Felsen, einsame, heilige Ruinenpräsenz aus der Schneemasse.

          Warum existiert alles natürliche?

Respekt

Alte Kulturen kannten den hohen Stellenwert. Innerhalb einer Religion verschaffte sich die breite Schicht die Anerkennung durch den Respekt. Untereinander sind die Mitglieder außer der Priesterschaft gleich. Jemand mit Geistlicher anzureden zeugt von friedlichen Absichten, niemand zu verletzen. Diese Tradition ermöglichte die Koexistenz von drei verschiedenen Urvölker in Lateinamerika. Indische Kasten unterscheiden die Stufen des Bewußtseins, übrigens herauskristallisiert aus den 7 Erdzonen. Die unterste Kastenheimat war geographisch am südlichsten lokalisiert, die höchste am nördlichsten respektive. Ihre Angehörigen erkannten sich gegenseitig an.

Sinngemäß sitzen die Bewußtseinsebenen in den Chakren der Yogalehre. Diese sind sichtbare Manifestationen am Himmel. Ähnlich wie Tag und Nacht, der 7-Weltregionverbund ziehen sie am Beobachter vorbei. Die 24-Stunden-Einteilung sind uns soweit geläufig. Die Chakren der Vergangenheit verteilten sich in der südlichen Hemmisphäre. Sie dehnen sich horizontal auf der Erdoberfläche aus. Ein geschulter Betrachter an einem festen Ort würde die sichtbaren Manifestationen vorüberziehen sehen, allerdings innerhalb einer Welt. Nebenbei erstrecken Chakren dynamisch vertikal in die Höhe. Feinere Teilungen von mehr als 7 sind je nach Zeit möglich. Es handelt sich hierbei um wechselnde, makrokosmische Energieverteilungen auf der Erde. Das Chakrenmodell läßt sich auf alle Planeten anwenden. Mit Respekt können wir das überlieferte Wissen enthüllen sowie geplagte, gefangene Zeitgeister (=unser einer) befreien. Das erste Chakra Muladhara symbolisiert die Welt nahe der Urhitze mit seinen vier Jahreszeiten. Darin ist die Intelligenz am wenigsten vorhanden. Die Bewohner suchten Schutz in ihren 4 Wänden. Das zweite Chakra am Geschlechtsteil angesiedelt spricht die schnelle Vermehrung in diesem sehr warmen Weltabschnitt an. Das bewahrheitet sich in der Biologie. In Anlehnung an die 6 Chakrablätter sollte Schutz Sicherheit gegen die 6 Gewaltseiten bieten. Apropos sechsfach, denken Sie daran, das Jahr über genaue Wetterverhältnisse aufzuschreiben. Sie werden zum Schluß kommen, dass wir in Europa unter der globalen Erderwärmung mehr als 4 reale Jahreszeiten haben.

                    Warum existiert alles natürliche?

Auf der 6. Stufe herrscht das außergewöhnliche Ajna Chakra in zwei Jahreszeiten, einmal eisig kühl und ein anderes hitzig. Die Intelligenz ist an der 2. Stelle angelangt. Drei weltliche Urzustände lassen sich nicht auseinander dividieren, fallen im buddhistischen Sinne von Hum insbesonders auf. Das ist ein Zustand von fragendem Symbolwert. Es fehlt uns am Verständnis. Vorgeblich sollte das Wort Amen das Gesehene (die Offenbarung) zum Ausdruck gebracht haben und das ist in keiner Weise unkorrekt. Erst in der 7. Stufe gelangen wir in die höchste Ebene, wo das Jahr in seiner gewohnten Form völlig verschwindet. Stattdessen werden wir 1000 himmlische Stadien erfahren. Innerhalb dieser verstehen wir mit Hilfe der überragenden Intelligenz die drei Weltphasenexistenzen. Der befreiende Zustand meint faktisch das manifestierte (vergängliche) Nirvana, nachdem 6 Stufen durchschritten sind, nämlich Om Ma Ni Pad Me Hum. Vom Nullpunkt aus wird sich das 6-teilige Rad wieder drehen. Diese uralte, heilige Wegweisung richtet sich spezifisch an unsere Welt. 7 Chakren verlaufen ebenso in die Höhen bis zu Bergen. Die Essenz: Wir – die

Menschheit – hatten das Wissen (irgendwie) schon lange erlangt und bewahrten es für uns. Es ist kein Wunder, dass wir unsere heiligen Texte lesen können und im Stande sind, die Instruktionen zu befolgen.

Tiere sind nicht auf der untersten Ebene der Verehrung. Wegen dem delikaten Fleischkonsum vergangener Tage stapeln Massenzuchtfleisch auf der Schlachtbank. Fehlender Respekt gegenüber den Geschöpfen wirkt sich zunehmend schädlich auf ihre Haltung und auf die Gesundheit der Verbraucher aus. Richtig, Antibiotikas überschwemmen Welle für Welle das Körpergewebe. Die Konsequenzen sind bei weitem unerforscht.
Im Grunde achten Kinder ihre Eltern instinktiv. Wenn Frauen und Männer sich gegenseitig achten, können Ehen entstehen. Hohe Scheidungsraten sind nichts außergewöhnliches. Sie sind allgemeiner Ausdruck von sich ändernden, individuellen Wünschen. Wo sie nicht Teil der Lebens sein können, weil Arbeit auf der anderen Seite der Welt, kommen wir mit Freundschaften weiter. Gute Bekannte werden in den USA zu Ratgeber. Man hilft sich gegenseitig. Pharaonen konnten mit ihren Arbeitswilligen die heiligsten Anlagen bauen. Tempeln

                    Warum existiert alles natürliche?

wurden von überzeugten Architekten entworfen. Der Kulturaustausch in den Gremien der Vereinten Nationen überbrückt Grenzen. Wildfremde Staaten zu helfen gehören zum gemeinsamen, guten Umgangston. Die Lehren aus der Geschichte haben vieles dazu beigetragen. Jeder, ob stark oder schwach, behindert oder klug, kann wichtige Beiträge für eine gesunde Zukunft mit viel Toleranz leisten. Geduld erhält die Freundschaft. Im Respekt kann unmögliches möglich werden, indem z.B. ein Rollstuhlfahrer zum Priester ernannt wird.

Hilfsbereitschaft

Jemand in der Not zu helfen, so Leben zu retten ist ein hohes Gut. Hilfe sollte nicht eingeschränkt sein. Sie sollte großzügig oft geleistet werden. Aus welchem Vorteil? Geläufig ist die Antwort: "Ich fühle mich besser, glücklich". Aus Sympathie erfolgte, unentgeltliche Hilfsleistungen können Bedürftige sehr gut gebrauchen. Im Alltag haben Behinderte es schwer, selbst zurecht zu kommen. Danke zu sagen macht den Helfern glücklich. Das Gebot lautet: Geben ist seliger denn nehmen.

Dienstleistungen an die Götter zu leisten, zu spenden, legte die Grundlage für die Erbauung von Unmengen von Tempeln in Myanmar, Thailand, neuerdings neumodisch in den USA bzw. Millionenstädten. Die urbane Schicht will autentisch essen und autentisch glauben. Heiligen fanden Gefallen daran, die hohen Werte zu preisen. Kann man sich selbst helfen, kann man viele helfen. Es ist gut bei sich selbst anzufangen. Zum Beispiel sind starke Nordwestwinde für die Seefahrt am Kap der guten Hoffnung gefürchtet. Schutz an Buchten bietet sich als Hilfe an, bis die Atmosphäre sich beruhigt hat. Menschen sind in der Lage, sich selbst zu retten. Das ist unentbehrlich. Siehe Seenot-, Bergrettung. Ausschließlich Fachleute können die Aufgaben übernehmen. Viele mussten bei geringstem Fehler ihr Leben riskieren. Inder würden gute Taten vollbringen, um gutes Karma zu anzusammeln. Ohne zu übertreiben, der Vorteil lag in der körperlichen Erwärmung und Gesundheitserhaltung bei sinnvollen Beschäftigungen in langen, kalten Perioden (etwa 2000 Jahre ununterbrochen kaltes Klima). Das ist Sport und Antrieb für ein langes Leben in einer größeren Dimension. Fleißige werden ihre Prüfungen erfolgreich

                    Warum existiert alles natürliche?

schaffen. Wir haben es den Kindern lang genug vorgemacht und sollten nie faul sein.

Gefahren sind immerhin überall zu spüren. Von den Filmen können wir lernen. Sie haben mehr oder weniger einen wahren Hintergrund. Wir dürfen nicht 1:1 kopieren. Das ist weder Sinn noch Zweck von aufwendig inszenierten Geschichten. Schädliche Einflüße sollten wir erkennen und die guten Seiten akzeptieren. Unsere Fähigkeit zu unterscheiden wächst mit dem reifen Alter, natürlich auch mit dem Lernen. Mathematische Kindergenies sind keine Seltenheit. Geübt wird mit der Bereitschaft zu helfen.

Liebe

Liebe beschreibt nicht eine Partnerschaft. Sie meint die Toleranz von alt, häßlich, grün, Indianer, Afrikaner, etc. In den Augen unseres Gegenübers ist das Liebe. Göttliche oder heilige ist in jeder Hinsicht am förderlichsten, universell, kosmisch. Sollten wir uns direkt im All aufhalten können, würden wir sicherlich weiser werden. Wie lang die Erfahrung erhalten bleibt, ist fraglich. Daher übt der Gläubige eifrig und scheut keine Pilgerschaft. Mantras mit Liebe zu rezitieren füllt die Empfindungen der hilflosen, der Schiffbrüchigen, Alten, Gebrechlichen, usw. Ohne die Eigen-, ist die Fremdliebe nicht vorstellbar. Praktizieren wir die täglichen Rituale der Religion aus dem Herzen und retten die Verlorenen, dirigieren sie zum heiligen Pfad, steigen wir in der Beliebtheitsskala. Was machen wir mit den gewonnenen, unverzichtbaren Elementar-Erkenntnissen? Weitergeben und vertiefen. Die Tiere verstehen uns nicht. Vertrauen wir sie der Menschheit an. Gemeinsam können wir den Schatz viel besser bewahren. Die Edlen können damit Gutes bewirken. Wir erwecken und fördern die Liebe. In der nächsten 7. Bewußtseinsebene müssen wir dann nicht mehr erklären.

Frauendomäne

Betrifft beiderlei Geschlecht. Haben Sie sich schon Gedanken gemacht, weshalb Gott keine Partnerin hatte? Göttinnen brauchen keinen Partner. Gottheiten sind allein auf sich eingestellt. Zeus wechselte seine Liebschaften. Dabei hatte die Vermehrung einen hohen

Stellenwert. Geistliche würden ihre Götter niemals als menschlich und nie als schändlich bezeichnen. Warum dann die Unterscheidung bei der Laienschaft? Hätten sie Charakterzüge, müssten wir uns mit dem weiblichen Wesen beschäftigen. Zeus Familienmitglieder sind göttlich, aber nicht alle von ihnen, denn er hatte viel mehr Nachkommen. Gottheiten besitzen himmlische Eigenschaften. Gute Partner helfen. Selbst bezogene Schönheiten wenden sich von ihnen ab oder bekämpfen schlimmstenfalls die Heiligen mit allen Mitteln.

Sind Frauen die besseren Erdlinge? Die Frage entbrannte beispielsweise im Mittelalter. Richtig ist, sie wurden als das schwache Geschlecht bezeichnet. Neuerdings sind sie gleichberechtigt. Sehen sie sich nun als die edleren Vertreter? Der Christ betrachtet den Mann als Hausherr, seine Partnerin als Hausfrau mit der Aufgabentrennung. Unruhestifterinnen könnten sich problemlos als die einzig Guten halten. Unter den Feministinnen lauert mitunter die radikale Rächerin. Das kommt daher, dass unsere guten Vorbilder rar sind. Die fehlende Weichenstellung tut ein Übriges. Unauffällige Potentatinnen hatten der Nachwelt ihre eigene Abbilder hinterlassen. Die Mütter der Herrscher hielten Reiche zusammen und genauso gingen große Verbünde durch sie unter. Unser Geschlecht unterscheidet sich, nicht die Denkweise. Irgendwo saß die Brut des Bösen. Vorausschauend den Partner zu achten, daraus die Gemeinschaftsmitglieder zu respektieren, zählte zu den höchsten Tugenden.

Urhistorisch galten Frauen irgendwie als zweitklassig. Das Inkareich opferte Jungfrauen. Kriegsgefangene befanden sich darunter. Fruchtbarkeitsgöttinnen der Urbewohner Europas wurden nicht mehr verehrt. Eva war sündig. Adam folgte ihr und beide wurden aus dem Paradies vertrieben. Pharaonenanwärter hatten immer bessere Chancen. Die weibliche Partei wurde selten auserwählt. Vorbabylonische Göttinnen hatte man längst vergessen. Altamerikanische, zentral- sowie ostasiatische (Sekten-) Kriegerinnenclans verschwanden von der Oberfläche. Aus 1001 Nacht erfuhren wir von der Haremswelt. Pharaonen, Chinesische Kaiser und Inkaherrscher hatten viele Partnerinnen. Keine Frage, Frauenüberschuss existierte, zuletzt als Relikte am Ende seltsamer Kulte. Buddha bezog sich auf das Erdrettungssutra. Darin kam eine Frau vor, die

                    Warum existiert alles natürliche?

karmische Vergehen begangen hatte und nach ihrem Tod unendliche Leiden in der Hölle erlitt. Im Haushalt ihrer Tochter sind viele weibliche Bedienstete die Regel. Eine davon gebar einen Sohn, der 13 Jahre leben sollte. Welche Wahrheit steckt dahinter? Viele Interpretationen sind möglich. Frauen sind durch ihre biologische Attraktivität im allgemeinen von führender Natur, das heißt, sie handeln instinktiv oder intuitiv. Sie müssen sich weniger an einen Verhaltenskodex festhalten. Das allein missachtet geistliche Ratschläge. Kriegerisch zu agieren verschlimmert die Lage. Wenn weibliche Zweibeiner sich für höherwertiger halten, isolieren sie männliche Philosophen. Religionen bergen Mönche. Götter sind für sie irrelevant. Sie gerieten zu schönen Gegenden, die sich als gefahrvoll erweisen sollte. Die weiblich irregeführte Sippe erlitt unendliche Leiden, weil sie mit ihrer Ideologie keinen Ausweg aus dem Verderben kannte. Der wahre Hintergrund ist somit bewiesen.

In diesem Sinn spiegelt Samsara das Abbild einer 6-fach geteilten Welt, die 6 möglichen Teilwelten. Gut und Böse sind zeitlich inbegriffen. Nach dem Paradies folgte grob die Steppe, danach die Wüste, dann kein sichtbares Leben, Sintflut, kalte (ewige) Dunkelheit. Ein Untergang wechselte sein Aussehen. Zartes Wachstum kehrte im Kreislauf zurück. Wir können Samsara als die Erde schlechthin definieren. Der Weg der Religionen ist die heilige Dreifaltigkeit, die 3 wesentlichen Weltzustände. Heiligkeiten können nur darin vorkommen. Im Buddhismus wird die Trinität durch Universal-Buddha und zwei weibliche Boddhisattwas vertreten. Ob männlich oder nicht, wechselte sich mit der Transzendenz. 3 Buddhas sind ebenbürtig. Buddha Shakyamuni schilderte die Originaleinteilung. Die dreifaltige Antwort lautete: Om-Ma-Ni-Pad-Me-Hum. Das ist die ursprünglich 6-fache Fassung. 3 von 6 Zustände sind ausschlaggebend. Warum der Universal-Buddha in der Mitte herausragt ist einleuchtend. 2 gewichtige Gottheiten läßt sich nicht ohne weiteres erklären. Hinduistische Quellen geben einen Hinweis in Bezug auf das Aufblühen der Menschheit. Hierbei spielen Frauen eine beachtliche Rolle. Urtypisch beeinflusste das dynamische Klima die Geburt von geschlechtsspezifischen Menschen und zwar vermehrt nach einer Seite hin. Dies macht Sinn in der

          Warum existiert alles natürliche?

biologischen Trennung von maskulin und feminin als Überlebensstrategie. Fauna und Flora waren gleichermaßen betroffen.

Von Teufel und Dämonen

Götter hüteten das heilige Wissen. Im Kontrapunkt veränderten Dämonen sie und fügten Irrglauben zu grausamen Erkenntnissen. Der Flaschenhals bildet sich in einer chaotischen Phase besonders profan aus einer dunklen, schmerzlich erlittenen Gewissheit. Das Paradies ist unter der Sonne eine reale, wundervolle Gegebenheit. Im Finsternis hatten die Dämonen ihren Sitz. Götter und gute Dämonen waren einmal eins. Sie dienten der selben Sache, nämlich die Menschheit zu retten. Das unendliche Leiden verwarf die heiligen Thesen im verwerflichen Satan (oberster Dämon).

Sehr deutlich sind die Definitionen. Im höheren Bewußtsein können wir sowohl zutiefst negative als auch paradiesische Erfahrungen einer Welt auswerten. Anfänger plagten sich bei den Gedanken in Zweifel und Horrorszenarien. Schlimmstenfalls sitzt das wenig

Verstandene fest in den Köpfen. Exorzisten versuchten umsonst, den sogenannten Aberglauben auszutreiben. Er kann keine echte Religion, keine Päpste, kein Martin Luther auslöschen, schwirrt inkognito herum. Fester Glaube lieferte den Grund für das Standardwerk Codex Gigas, ein übersetzter Bibel aus dem Orient. Kleiner Unterschied, große Wirkung.

Die katholische Kirche befasste sich seit langem mit den unerklärlichen (unchristlich) Phänomenen der Heiligen-Ikonen. Die Gefahren erhärteten sich in den Fehlinterpretationen der Lehren. Was die Hüter am besten tun konnten ist, die unheilvollen Werke in Quarantänen zu stecken, sprich, sie zu verdammen. So einfach ließ sich das universell gültige Wissen nicht wegsperren. Resultat: Übersetzte, viel aussagende, verteufelte Bücher bekamen den alten Beinamen "Codex", weil ihre Wahrheit nicht zu entkräften sind. Mit Liebe für die Originalverfasser hat es nichts zu tun. Eine Frau, ein Mann, Auto, Geld zu lieben ist triebhaft. Ihr kopierter Inhalt konnte nicht verstanden werden, da lebenslanges Studium sehr gering befolgt wurde. Überhaupt war der Bezug auf den original heiligen Text nicht vorhanden.

Hüter der Menschheit

Allseits in Augenschein genommen, offenbaren die heilige Lehren sich als universell gültige. Oberpriester, Religionsvertreter, Buddhas verschiedener Richtungen vermittelten das Wissen spezifisch in ihrer geografischen Lage. Mancherorts sind kosmische Kenntnisse leicht weiterzugeben, andernorts mathematische, heilkundliche Gesetze. Die regionale Anhängerschaft lernte und verstand den ausgewählten Inhalt schneller als irgendwo. Sie profitierte von der Lehre, insbesonders begabte Schüler. Warum universell, zeigt das Merkmal, dass viele weit auseinander lokalisierte Hochkulturen u.a. die Planeten kannten, mathematische Berechnungen anstellten, ausgefeilte Werkzeuge benutzten. Davon abgesehen, lassen sich alle Ergebnisse überprüfen.

Vor ca. 2500 Jahre erzählte Buddha von Gold und Edelsteinen im entfernten Westen. Spanien startete gegen 1492 mit der Erkundung nach dem Gold in der neuen Welt. Die Seemächte hatten anfangs nicht nur kostbare Güter aus den Tropen an Bord. Die heilige Bücher sind die wahren Schätze aus Indien. Sicher galt, die Buddhas hatten in verschiedenen Ären Kontakt miteinander. Sie mussten nicht unbedingt persönlich um Ozeanen herum rennen, um sich von den Gegenheiten zu überzeugen. Wanderschaften zu Beginn unserer Welt sind identisch mit der Pilgerschaft gleichzusetzen. Wie lang und beschwerlich die Reisen um die Welt dauerten, können wir uns leicht vorstellen. Zigeuner begeben sich bis heute auf dem unbekannten Pilgerpfad. Wie viel Wissen sie gesammelt haben, ging verloren. Doch irgendwann könnte ein Genie unter ihnen aufgewachsen haben, der die rätselhaften Erzählungen der Ältesten einordnen konnte und zurücksteuerte. Dann würden seine Nachkommen den altverwurzelten Glauben verstehen, je weiter sie zurücklegen. Vor- oder rückwärts zu laufen wäre im Prinzip nicht falsch. Sie pilgerten lebenslang zwischen den Tempelanlagen. Touristen bestaunen vorzügliche Gotteshäuser, Bergkapellen, bunte Kleiderbasare innerhalb von Tagen. Im Nu verflüchtigt sich ihre Sinneseindrücke. Zuhause fühlen sie nicht selten erneut die Leere des Lebens.

                    Warum existiert alles natürliche?

Kulturell kann jeder für sich eigenständig das tun, was er kann. Der Europäer auf seine Art, der Afrikaner wie bisher, der Lateinamerikaner auf bewährter Weise, der Araber progressiv, der Asiat auf die tropische Art. Gelegentlich hatten Religionsvertreter sich schon zum Dialog zusammengetroffen und ihre Meinungen ausgetauscht. Mehr Frieden ist möglich. Reden alle davon, kann die Globalgewaltlosigkeit zur Standard werden, das einzige, was wir seit Menschengedenken erreichen wollen. Die Schwierigkeit ist, Kulturblüte- und Endzeiten variieren adäquat zum Blumenfeld.

Ein zweiter Erklärungsversuch beginnt mit der Einsicht unserer Vorfahren in der Vorwelt, die auf die ihrer Vorwelt zurückgegriffen haben. Sie hatten alles durchlebt, wir lediglich die halbe Weltzeit. In den letzten, dringenden, heiligen Versammlungen der Globalgemeinschaft hatten sie sich für die traditionelle Ansammlung des Wissens festgehalten. Sie bildeten die universellen Hüter aus bzw. separat halbherzig, was zur Reduzierung ihrer Anzahl zur Folge hatte. Die Aufgabe des Bewahrers des Lebens ist unumstritten.

Die (sterblichen) Götter kannten sich sehr präzise mit den Sternenkonstellationen, Erdoberflächenfaltungen, Schiffahrtsfangmethoden aus, weit mehr als wir zu wissen glauben. Sie machen die heiligen Bücher unverzichtbar wertvoll. Manche gingen verloren, wurden mutwillig zerstört, gestrichen, gekürzt, ergänzt. Wir können den Inhalt nicht zu 100% verstehen, weil unser Gedächtnis sehr dynamisch funktioniert bzw. biologisch aufgebaut ist. Ferner hatten viele Sprachen zur Kommunikation gedient. Aus Bildern zu lesen fiel den meisten schwer. Sie sahen für uns entweder schön aus oder bedeuten viel ungewolltes. Unsere Gene haben ihren typischen Willen. Niemand wird als Genie geboren. Ein Weiser wird biologisch nach der Zufallsmethode mit der Begabung ausgestattet. Daher lernen einige von uns sehr schnell, andere normal, langsam, mit Maschinen unterstützend. Nicht wenige können nicht. Wieviele Bücher haben wir in den Schulen, der Arbeit, Freizeit sowie Bibliothek gelesen? Schlau wurden wir selten. Wir können jedenfalls anstreben, mehr zu verstehen. Lebenslanges Philosophietraining ohne Geld sollte uns nicht abschrecken. Wir strengen uns weitreichend bürgernah

          Warum existiert alles natürliche?

an, sagen wir schlicht für die universelle Menschheit.
Hinweise deuten daraufhin, dass die (sterbliche) Götter einschließlich Buddhas uns die Vorgaben gegeben haben, also im weitesten Sinne zu unseren Universal-Schöpfern gehörten, d.h. heilige Kuh, Schlange, Frau, Pflanze, heiliger Baum, Mann, Vogel, Löwe, Hirsch, Fisch, heiliges Kind, Schaf... Sie erschufen nicht einzelne von uns, aber direkt oder indirekt ganze Felder von uns, Unmengen von Zivilisationen. Buddha Shakyamuni erfuhr die Erleuchtung. Das ist mit Worten nicht umfassend zu beschreiben. Hinduistische Texte sprechen von Weisen, Heiligen, Devas. Gott zu verstehen ist schwer genug, das Ziel unerreichbar. Götter in der Stille deutlich zu hören, nachzuempfinden kann als praktisch unmöglich betrachtet werden, bestenfalls abstrakt Karma zugrundeliegend bzw. kosmisch wissend unabhängig von Raum und Zeit. Aufwendig parametrische Computersimulationen geben unseren Astrophysikern ein besseres Verständnis der Materie. Lassen Sie einen Ballon in die Luft. Wohin wird er sich bewegen? Unsere vorweltliche Philosophen konnten allein mit dem Kalender treffsicherer eine Antwort geben.

Mannigfaltige Buddhas

An dieser Stelle können wir uns ruhigen Gewissens mit einigen Buddhistischen Fachbegriffen vertraut machen. Ein Lexikon würde zur Not ausreichen. Viel zweckvoller ist das Studium der Sutras. Buddha verbrachte vor ~2500 Jahren ein ganzes Leben mit der Lehre in höchster Konzentration. Seine Ergebnisse sind in einem winzigen Ausschnitt nicht anders wie ihre eigene in einem natürlichen Leben. Nun wurde uns gesagt, in der fernen Vorvergangenheit waren Buddhas anwesend. Leider können wir die Tatsache nicht mit Fakten belegen. Vorübergezogene Wirklichkeiten lassen sich nicht zu 100% belegen. Damals existieren wir noch nicht. Glauben wir fest daran, so wie der Gläubige verfahren sollte, müssen wir nicht viel beweisen. Indizien in den heiligen Textpassagen lassen die Zweifel schwinden. Buddha erwähnte Amitayus in einer Zeit. Hat er die Welten vergessen? Mit Sicherheit nicht. Es scheint, uns wurde erleichtert, den Sachverhalt zu verstehen. Mehr Informationen verwirren mehr, lassen sich noch weniger belegen und das hatten die Weisen

     Warum existiert alles natürliche?

berücksichtigt. Hat es Amitayus gegeben, müsste vor ihm viele Heiligen existiert haben. Siehe Pharaonen vor 8000 Jahren, Inka-Götter. Viele Begriffe in den Sutras entfalten ihre heilvolle Wirkung mit der Überzeugung. Das ist korrekt, denn Normalsterbliche bewachen keine Schrift und dazu noch für die Ewigkeit. Sie schreiben nicht gegen das Vergessen.

Kommen wir zum Buddha Shakyamuni, der die Lehre verkündet hatte. Wir sollen dem Meditationshinweis nach nach Westen beten. Das ist absolut merkwürdig und sehr spezifisch. Wahr ist, die Hochkulturen im Raum Australien-Papua-Indonesien hatten sich westwärts bis nach Indien ausgebreitet. Das Klima zwang sie irgendwann dazu. Woher wußten die südostasiatischen Völker davon, dass im Westen sich das Festland befindet? Hier hatten die Götter den Weg gewiesen. Sie wußten viel präziser im Voraus von der Plattentektonik und welche Richtung im Zweifel einzuschlagen sind. Die Gläubigen hielten sich zu ihrem Glück fest daran. Resultat: Hochkulturen in der westlichen Welt (Indus und darüber hinaus) keimten auf. Die Europäischen Mächte hatten die heiligen Texte gelesen und verfuhren unbewußt nach dem selben Prinzip.

Vergleichen wir die hinduistischen Tempel mit den Pyramiden, Toreingängen auf pazifischen Inseln. Die quadratischen Ähnlichkeiten sind nicht trügerisch. Die Formate sind allerdings anders, klein in Indien, gigantisch in Ägypten und Mittelamerika. Separate Tempelanlagen sind noch nicht aufgezählt. Die Ur-Hochkulturen Indiens mussten auf Inseln zu finden sein. Vor dem uns geschichtlich bekannten Zeitraum war der Austausch in beider asiatischen Ost-West-Richtungen wegen der geringen Distanzen gegeben. Aus den Weltmeeren hatten die uralten Fischer ihr Essen geholt. Sie hatten Handel mit Frischwaren betrieben, zu einer Phase von limitierter Vegetation. Maritime Lebensmittel liefern alle wichtigen Nährstoffe. Sättigend sind hingegen Kohlenhydrate in Getreide, Hülsenfrüchten, Kokosnüssen. Fazit: Palmeninsel waren frühzeitliche Plantagen. Getreidepflanzen und Hülsenfrüchtler wurden von jeher kultiviert. Die Hochgesellschaften in den Anden und Ägypten konnten sich über eine sehr lange Dauer residieren, weil Salz auf den Hochplateaus natürlich vorhanden waren. Auf dem Olymp, Himalaya

                    Warum existiert alles natürliche?

und den China-Bergen mussten die sterblichen Götter mit Feuer gelegentlich hinabsteigen, um zu den Salzvorkommen zu gelangen.

Ursache und Wirkung

Sind keine bloße Erklärungsversuche für schwierige Fälle in der Religion. Wir können nie an die Kausalität zweifeln. Töten wir einen Hund, könnte seine gesamte Rasse in der Zukunft aussterben. Nachahmende sind zu 100% vorhanden. Unsere vierbeinige Begleiter werden für die Bewachung und zur Unterhaltung fehlen. In bestimmten Regionen werden Menschen frustriert sein oder sie könnten niemand von uns retten, wie sie so gern getan hätten. Andererseits wird niemand von ihnen gebissen. Der Hundegott wachte über sie. Stirbt er, dann können sterbliche Gottheiten (z.B. Garuda, Hanuman) sukzessive von unserem Gedächtnis gelöscht werden. Siehe Genozid, menschliche Apokalyse. Manche Wildarten sind ausgestorben. Welche Rolle hatten sie wohl gespielt?

Ein besseres Beispiel ist Lateinamerika. Verteufeln wir wehrlose Indios oder Urpilger, wird sich jeder hüten, gut zu sein. Das Ergebnis haben wir jetzt schon erreicht. An vielen Orten laufen Kriminelle oder gewalttätige Bande frei auf der Straße. Frauen (Mädchen & Kinder) und vertrauenswürdige Ordnungshüter haben schwere Zeiten, es sei denn sie sind mit einem Verbrecher oder korrupten Beamten verheiratet. Ansonsten würden sie ihr Outfit den miserablen Straßenlook anpassen, um einen vertrauenswürdigen Hauch nicht aufkommen zulassen. Touristinnen verirren sich kaum bis zu den berüchtigten Gegenden. Bauer haben Angst, über Nacht bestohlen zu werden und leere Getreidefelder vorzufinden. Tritt eine Hungersnot ein, werden wenige überleben. Intellektuelle und Rechtsschaffende sind an dieser Stelle bedeutungslose Begriffe. Das Volk wird charakteristisch primitiv labil. Jeden Tag muss man sich fürchten. Nichts geht voran im Lande. Die Bürger können nicht aus eigener Kraft reich werden und sich aus ihren armen Verhältnissen befreien, obwohl sie in der Lage sind, wenn die Verhältnisse sich ändern oder sie gut werden dürfen. Aus der Elend werden mehr verwahrloste Kinder geboren, die ihr Glück in reichen Ländern über dem Meer versuchen werden. Eine Portion mehr positive Leitsätze kann Leben retten und

                    Warum existiert alles natürliche?

die eigene Gesellschaft bereichern, insbesonders in hohen Positionen, z.B. Präsidialamt. In diesem Zusammenhang gehören Ehepartner insbesonders als Vorbilder für die Bürger mit dazu. In der Wirklichkeit: Die biologische Anziehungskraft zweier Personen hat nichts mit der mentalen zu tun. Wir sind bei allen Auffälligkeiten verschiedene Individuen mit eigenen Fingerabdrücken. Schicksallos bekräftigen erwachsene Kinder ihre eigene Lebensführung. Die Abgründe fragwürdiger Seelen belegen die Existenz ihrer niederen Instinkte. Affenartige Merkmale kommen ohne weiteres zum Vorschein. Tief in der Psycho macht sich der evolutionäre Entwicklungsstand eines Individuums bemerkbar. Kurz gefasst: Es zerstört am liebsten alles, was es aus Furcht nicht versteht. Genies werden von es als verrückt abgestempelt. Unsere Ahnen stilisierten den idealen Mann, die ideale Frau, keineswegs aber die ideale Familie. Von Zeus können wir abschauen, dass in der Familie alle Arten vertreten sind. Trotzdem gelten die Mitglieder als Götter, z.B. der Unterwelt oder Satan im biblischen. Im antiken Orient wurden heilige Hochburgen mutwillig zerstört. Sie galten nach außen hin nicht als die Wiege der Zivilisation. Die arabische

Gelehrtenschrift blickt uns mit ihrer geschwungenen, spätägyptisch anmutenden Schreibweise an. Inhaltlich spiegelt sich darin die Kenntnisse ihres Großreiches wider.

Reiche Länder bleiben unter begabten Persönlichkeiten weiterhin wohlhabend. Ein Debakel, sie fallen nicht vom Himmel. Gute Nationen sind fähige, die ohne Kriege, ohne persönliche Entfaltungsenge, genannt Individualfrieden und Individualfreiheit, sehr lange bestehen können. Ursprünglich wollten Kolonisten das Wild ausrotten, um damit den erklärten Feind auszuhungern, eine gängige Praxis im Mittelalter. Zurückgeblieben sind die vergifteten Landschaften. Kein Wild kann die Bevölkerung mehr ernähren, eigene Urenkel inklusive. Stattdessen essen wir zumeist die faden, durch Massentierhaltung vernachlässigten, billigen, ungesunden, kühlbaren Fleischberge. Biofleisch kann gegen das natürliche nicht mithalten. Es macht überhaupt keinen Sinn, das Prinzip der verbrannten Erde fortzusetzen. Ein Umkehr kann die Menschheit leicht retten. Noch mehr Beispiele. Väter beschützen ihre Familie. Entledigt man sich von ihnen, muss die

                    Warum existiert alles natürliche?

restlichen Mitglieder selbst überleben. Gute Mütter wurden von ihren Kindern verehrt. Nördliche Kultobjekte beweisen ihre runde Frauenformen. Schlechte manipulieren ihre Nachkommenschaft und gingen kläglich unter. Religiöse Oberhäupter verteidigen Kontinente. Werden sie nicht geachtet, müssen die Menschenrassen Kriege führen, so lang wie sich kaum jemand vorstellen kann. Wie leicht werden Soldatenfamilien manipulierbar sein? Geht eine Rasse unter, wird ein Kontinent in Besitz genommen. Sehr viel Blut begleicht den hohen Preis.

Zu Sterbezeit Karl des Großen, vermachte er 3 Teilreiche an seine 3 Söhne. Wie die Geschichte uns lehrt, existierte das mittlere noch in Form der Beneluxstaaten. Es war sehr schwer, an zwei Fronten zu kämpfen. Die Realität von heute: Deutschland liegt in der Mitte von Europa. Längerfristig ist die Nation nicht zu halten, egal wie viel Soldaten und Blut Sie aufbieten. Im Vergleich zu den 2 Weltkriegen kann die vernichtende, moderne Großkriegsführung die Deutsche Nation vertilgen. Ob weiterhin Deutsch gesprochen wird, steht schon längst fest. Innerhalb von Europa hat die Bundesrepublik in der Tat eine Grenze auf dem Papier. Das sollte nicht nur geschrieben stehen. Abrüsten und Kooperieren haben einen erheblich höheren Nutzen, womit wir wieder bei der Neutralität landen. Die Zukunft wird uns Recht geben. Das friedliche Zusammenleben muss mit der besten Note bewertet werden.

Universalität

Obwohl der Begriff in den Sutras nicht explizit erwähnt wird, hat die Lehre grenzüberschreitende, universale Gültigkeit. Das kommt daher, dass das Wort im Wortschatz neu hinzugekommen ist. Buddha hielt sich exakt an die Überlieferung, hatte kein neues für die Laienschaft hinzugefügt. Er sprach die Worte der sehr hochentwickelten, vorweltlichen Zivilisation. Die Anhängerschaft gibt die heiligen Worte wieder. Fragen wir die Schulabsolventen. Kosmische und rechnerische Gesetze sind begründet. Transzendente, eigentlich hochkausale Wahrheitsfindungen, gehören eindeutig zu der selben Klasse. Die Fakten lassen sich überprüfen, mit unseren konventionellen Methoden zur Zeit jedoch eingeschränkt. Unser Kenntnisstand ist nicht am fortschrittlichsten. Vorausliegende Realitäten lassen sich sehr schwer vorstellen. Wir müssen Erscheinungen sehen oder begreifen, um überhaupt den Beweis der Richtigkeit zu erhalten. Wissen zu erlangen ist eine heilige Aufgabe.

Die Universalität listet Fakten bis weit in unsere Zukunft auf. Ein Beispiel aus den Sutras erläutert die Bedeutung: Weisen oder heilige Personen setzten sich den weltlichen Gefahren aus. Buddhas Grundlagen beschützen alle Menschen. Ihr Aberglaube erfährt sicher eine Renaissance. Aus der Ära der Unsicherheit heraus werden sie bestens geeignet sein, den Buddhismus im Herzen zu bewahren. Im Äußeren setzt sich nämlich die Samsara zusammen, zukünftig innerhalb der fünf bzw. sieben hellen Weltzonen. Derartige Offenbarungen, Prophezeiungen bzw. Vorsehung grenzt zunächst einmal an Wahnvorstellung, teuflische Schamanismus. Gerade der Schamane hat nichts mit dem Teufel gemeinsam. Wahn und Vorstellung ist etwas entgegengesetztes. Ist eine Lehre universal gültig, so gilt sie für jeden und für alle Zeit. Heilige Prinzipien zu befolgen führt zur Schaffung eines Paradieses in der nächsten Welt. Sie werden das Überleben aller Völker garantieren. Mitfühlende Wesen im buddhistischen wurden zum Ausdruck gebracht.

Quer durch die Religionen residieren Götter hoch oben über uns. In unseren Augen schwebt ihre Heimat über den Wolken, auf den Bergen. Im feuchten Dunst der Atmosphäre kann sich der Regen bilden. Sie ist sozusagen ein Geschenk des Regengottes, heilend im wahrsten Sinne. Ein Spaziergang bis knapp unter dem mittleren Gipfel gibt uns die Nebeleindrücke wieder. Auf den höchsten Bergen blicken wir auf den Wolkenteppich. Weshalb sollte sich darüber eine grüne Vegetation gebildet haben? Die Antwort lautet: Hochlagenschnee. Wo Eis da Regen möglich. Dieser Schnee stammt von den höheren Wolkenschichten. Selbst ohne sie kann sich eine geringe Feuchtigkeit in der Luft hängen. Die Nebelbildungshöhen variieren in den einzelnen Epochen. In der Gesamtheit verändert sich die klimatische Ausbreitung aufgrund von Extremen dynamisch.

Der Kalender wurde von den Hochzivilisationen gepflegt. Anbaumethoden waren bestens erforscht. Der Grund ist der Bezug auf die Sterne und allerlei Fakten.

Die Nachkommenschaft hatte sich den eigenen für den lokalen Bedarf zu sehr vereinfacht. Zusammengefaßt sind genaue Kalender uneingeschränkt nutzbar. Seit der Antike bekannt, waren Sterne wichtige Faktoren im Glauben der Südvölker. Viele Himmelskörper viele Götter. Die Dreifaltige Heiligtümer sind ihre gemeinsame Basis. Nordvölker hingegen verehren vorwiegend die Sonne, d.h. Tipis, spirituelle Kreisformanlagen, Zelttyp Zentralasiens, Jurten. Am Nordnachthimmel sind weniger Sterne zu beobachten als am Südnachthimmel mit Sternenhaufen (Milchstraße).

Musik und Tanz gefallen uns auf Anhieb, genauso wie gute Wortatmosphäre, gute Gesten in Filmen. Das sagt viel über unsere Sehnsüchte sowie Vitalität aus. Erinnern wir uns an die Jugendzeit zurück. Gut ernährt waren wir sehr vital und spielerisch. Bewegung tat uns gut. Sie bereitete unseren Muskeln keine Probleme. Mit Sport kräftigten wir unseren Körper. Das Getreide, vitaminreiche Gemüse verschaffen uns Energie für die gesunde Aktivität. Wieso gerade Pflanzen, würden Sie fragen? Für die Sättigung haben wir viel mehr Auswahl. Tiere wandern fort und wir müssen mit ihnen weiterziehen. Einmal ausgerottet, würden wir verhungern, wenn keine Pflanzen uns retten könnten.

Bewußtseinsebenen

Was wird im obersten Chakra passieren? In der höchsten Stufe verstehen wir die Fakten von selbst. Worte werden im höchsten Geisteszustand nicht notwendig sein. Alle Völker der Erde waren in höchstem Maße überzeugt. Der gemeinsame, elementar wichtige Glaube wurde gegen das Vergessen fortgeführt. Im zunehmend dauerhaften Umweltchaos verkümmerte die Denkfähigkeit Stück für Stück. Bibliotheken mitzuführen, sollte sich nicht lohnen. Viel praktischer stützten Bilder und Schriftzeichen, die jeder mit einem Blick verstehen konnte. In nachfolgenden Phasen mussten Worte den Inhalt beschreiben, weil das Verständnis wegen den fehlenden Realitäten nicht selbstverständlich vonstatten ging.

Afrikanische Stämme ernährten sich von Getreide. In ihrem Paradies blühte die Wildnis auf. Mit ihnen lebten Kelten und Wikinger im Geiste ihrer weißen Vorfahren auf den verbundenen Bergen (Victoriasee, Mittelmeer), die sich über ganz Nordafrika und Südeuropa verbreitet hatten bzw. entlang ihren atlantischen Küsten. Diese Regionen hatten subtropisches Klima mit winterlichen Frosttemperaturen. Die Jahrzeiten variierten in ihrer Dauer. Noch heute wechselten die Vögel ihren Aufenthaltsort. Flamingos können auf Salzsümpfen leben, wohingegen Störche, Reiher auf Feuchtgebiete beheimatet sind. Die Kontinentalgesellschaftsfragmente hatten gelegentlich ihren Wohnsitz verlagern müssen. Sie pilgerten zwischen den heiligen Hochlagenstädten. Lokale Konfessionen vermischten sich. Bis dato ließ sich die Arabische Einheit nicht zerteilen. Das Volk ist von ihrer Zusammengehörigkeit überzeugt. Ihr Paradies etablierten sich unter den Weihrauchbäumen bis nach Mekka.

Das globale Hochlagenbewußtsein war ihrem Geist würdig. Indische Gelehrten befolgten die Lehre der Erleuchtung. Sie besagt das Studium in der Tagwelt. Abgebildete, weltliche Hochlagenstädte auf den Tempeln werden bezeugt. Wir beten für den universellen Bürger.

Chinesen müssen ihre Grenzen der Zivilisation nicht wie

ein Bollwerk verteidigen. Stolze Völker immigrierten in das Reich der Mitte. Seine Zeit lief langgezogen ab. Das macht sich in der Ausrichtung einer himmlischen Weltordnung bemerkbar. Was die Götter leicht verstanden, blieben den Neumenschen verborgen. Sie wußten sich mit einer Umschreibung der Schriftzeichen zu helfen. Die Buddhistische Lehre zu verinnerlichen, bedarf lebenslanges Lernen, was manch einer nicht wirklich für notwendig hielten. Sie möchten lieber bei ihren Mythen festhalten, die mehr mit dem Erzählen verbreitet wurden. Zwar wurden sie vom Philosophen Konfuzius an der Nordküste festgehalten. Seine Aufklärung brachte regional einiges voran. Einer tiefergehenden Infragestellung könnte und müsste sich eine zukünftige Persönlichkeit in dieser Tradition annehmen. Es gibt sehr wenige, versierte Gelehrten der alten Elite. Eine Konfession mit all seiner Werte ließ sich nicht bis zu den Herzen verordnen. Eine Ablehnung war vorprogrammiert.

Australische und pazifische Ureinwohner denken spirituell an ihre Felsen, die Gestalt der vergangenen, sagenumwobenen Hochkulturexistenzen. Ein einfacher Glaube an das Paradies, das sich darin ablesen ließ. Ihre

                    Warum existiert alles natürliche?

original mythische Geschichten werden einen richtig Überzeugten ansprechen.

Was sich sagen läßt: Das Paradies meint hauptsächlich das irdische. Im weitesten Sinne sind fremde, außerirdische oder planetarische nicht anders. Eine kleine Ewigkeit im höchsten Bewußtsein hatte Fakten geschaffen. Sie schufen universelle Fakten. Wie sahen die tatsächlichen Realitäten aus?

Nach dem Ableben der Geisteseliten werden sie sich erneut bilden. Fauna und Flora werden sich zu ihren Blütezeiten voll entfalten. Einheitstempel werden gebaut. Das ist gleichsam eine natürliche, gesamtgesellschaftliche Umwälzung von hoher Bestimmung. Prophezeiungen besitzen einen wahrhaftigen Hintergrund. Kontinente werden sich neu falten. Ozeane werden sich verändern. Göttliche Vertreter werden die Wahrheit weitertragen. Das wertvolle Leben auf der Erde kann eine Beständigkeit erfahren.

Die allerhöchste Erkenntnis: Ein einzigartiger Erdplanet kann sich unter der kosmisch dynamischen Sonnenstrahlkraft neu formen. Temperaturgeregelte, wasserreiche Himmelskörper jeweils in einem Sonnensystem können ihre Evolution ankurbeln. Es ist eine Frage der unendlichen Zeit. Sonnen können neu entstehen. Die Basis des biologischen Lebens beschränkt sich nicht allein auf unsere Erde. Im Staub des Weltalls sind sie enthalten, mit eingeschlossen die einmalige Intelligenz, die ihren Universalschöpfer zu ehren wissen. Außerirdische Sinnesorgane werden sich herausbilden.

Wie eine Blume blühen Existenzen im Universum. Die Weisheit in den Köpfen wollen wir uns am liebsten sofort auf die Weltallreise machen. Für einen Moment dachten wir, wir könnten die Planeten wie Erdkolonien besiedeln. Kein Wunder, unser Gehirn entwickelt sich auf den Landmassen. Wir vergleichen die Himmelskörper mit der Erde. Doch tatsächlich kann eine Supernova einen x-beliebigen Urknall sein. Ein Flugszenario zu einem zweiten Sonnensystem wird in Lichtjahre gemessen. Fakten suggerieren das Unmögliche. Wenn unser Denkorgan größer werden würden, stehen uns mehr Möglichkeiten zur Verfügung. Wer weiß, wir könnten unerreichbare Distanzen überwinden. Im entgegengesetzten Fall könnte das

                    Warum existiert alles natürliche?

kosmische Fremde zu uns gelangen und das heißt, Sonnensysteme bewegen sich mit der kosmischen Physik zu uns.

Wir sollten die 9. Dimension überschreiten. Der Frieden hatte uns bis in die Gegenwart getragen. Im All ist seine Bedeutung umso größer.

DANKSAGUNG

Dieses Buch stützt sich auf das Wissen aus freizugänglichen Quellen, wie das Grundgesetz es vorsieht und aus ausländischen, wie es nicht regeln kann. Westliche, östliche, wissenschaftliche Erkenntnisse aus den Beständen der Vereinigten Staaten von Amerika, des Vereinigten Königreichs, Frankreichs, Spaniens, Portugals, Indiens, Chinas u.a. sind um ein vielfaches besser bzw. umfangreicher als inländische. Die Facharbeiten der renomierten Elite-Universitäten von Oxford, Cambridge, Harvard, Stanford u.ä. machen ihren Ruf alle Ehre. Von den unabhängigen Welt- und Naturreligionen stammen die heiligen Textpassagen, soweit Ureinwohner religiöse Fakten liefern vermögen. Nicht zuletzt tragen die Tier- und Pflanzenwelt wichtige Merkmale.

Mutwillige Behinderungen, grundlose Sabotagen, historische Aufklärungsarbeit verzögerten die Herausgabe dieses Buches. Wozu? Diejenigen, die uns manipulieren wollen, versuchen es auch bei Wissenschaftlern. Gerade deshalb nötig sind Faktenkorrekturen auf allen Fachgebieten. Sie wurden

　　　　Warum existiert alles natürliche?

mit unbelegbaren Annahmen infiltriert. Analysiertes braucht Bestätigungen und Übereinstimmungen. Die erste Ausgabe dieses Buches dient zur persönlichen und philosophischen Orientierung beim Leser. Ihre willkommenen Kommentare spielen eine Schlüsselrolle. Die zweite wird vielversprechende Beiträge besitzen. Seien Sie dabei.

———————————

Um die Tradition von Leonardo Da Vinci in der Zeit des gläsernen Menschen aufrecht zu erhalten:

Es werden völlig autonom denkende Maschinen geben,
die uns in jeder Hinsicht verstehen werden, was wir
ihnen zu sagen haben. Sie werden uns sowohl heilen
können wie auch mit Tatkraft helfen. Daran können wir
sie messen, wie gut sie geschaffen worden sind,
um den Universalfrieden zu wahren.

Kurze Trauer

Sie kommt und geht wie beliebt
Und bleibt von kurzem Menschendauer
Oh Wunder geliebt
Deine Trauer

Plädoyer Gute Hoffnung

Das Leben ist wunderschön, wenn man seines in die Hand nimmt. Was noch nicht ist, kann noch werden. Man darf sich selbst nicht verachten, möge man noch so hässlich oder der Körper nicht makellos sein. Schönheit muß, Kleinwüchsige müssen leiden. Undurchschaubare Ärzte können Figurpartien innerlich verpfuschen und das Leben darin. Ihr leidenschaftlicher Arbeitseifer kann übertrieben ausgeprägt sein. Das liegt in der Veranlagung. Gegen das Altern sind wir machtlos. Die Demenzkrankheit ist eine introvertierte Form des körperlichen Verfalls. Gute Doktoren setzen auf die verträgliche Heilkraft der Naturarzneien. Den Patienten sollte Gehör geschenkt werden. Es gibt keine hochkonzentrierte Allheilmittel. Schulmediziner haben ihr Bestes versucht. Auf der Schattenseite beschränkt sich die monotone Tätigkeit auf die Risikofreudigkeit und reaktionsschnellen, rentablen Operationen. Homo Sapiens sind eben keine langlebige Wesen. Traditionell geachtete Heilpraktiker müssen die Zulassung bekommen können. Begabt können sie nie Teufelswerk sein, weder die traditionell chinesische Medizin noch keltischen Kräuter. Sie sollen ihre gemeinnützige Arbeit fortsetzen. Unheilbar Kranke warten. Der Weisheit letzter Schluß, wir leben nicht, um chinesisch oder barbarisch zu werden.

Was bedenkliche Mediziner können, praktizieren ungewollte Richter schon lange. Selbes Spiel, selbe Schicksale. Extra besoldet, versteht sich. Sie können keine Kirchen, Moscheen, Tempel verschonen, falls das Gesetz es verlangt. Obskure, legitime, heimliche Operationen tummeln sich auf dem Staatsgebiet des freiheitlichen Bürgers. Trotzdem wird beharrlich behauptet, solch üble Machschaften befänden sich weit weg im Ausland. Zivilisten sind einfach keine Objekte der Begierde. Es wird gern übersehen, Kriminelle im Lande haben den gleichen Anteil wie Korrupte oder missratene Familienkinder. Triebhaftigkeit läßt grüßen. Arme Länder viele Korrupte.

Die florierende Sexbranche gewinnt an Fahrt, weil Frauen mitunter verdeckt unter der Gleichberechtigung ins Geschäft einsteigen. Kenner des jungen Österreichers Hitler ahnten die Ohnmacht. Vielleicht trifft die Originalform der Schizophrenie auf ihn zu, weshalb sie derart desaströs ausgebaut wurde. Er war definitiv kein Kosmopolit, kein Akademiker, hasste Bücher, schwankte zwischen Halbinteressen, kurzum ungebildet. Ihm ging es nur um die Gesundheit für den willenlosen Kampfgeist. Arier könnte man begriffsmäßig mit starker Soldat in einer Heernation ersetzen. Was? Das mächtige 3. Reich hetzte die Völker der Erde gegenseitig auf. Es verankerte seine absurden Ideale nirgendwo als in seiner Heimat. Preußisch Deutschland war ein Kartoffel-, Bayern Agrarland. Man kommt sich in der weiten Welt fremd vor. Das gilt für Nachahmer. Die unsinnige Strenge wollte den Geist der sozialdemokratischen Vorväter umpolen, die sich von der irrläufigen Kriegseuphorie abwandten. Wehretas rechtfertigten sich mit der kurzzeitigen Überlegenheit. Das unlogische Motto lautete: Angriff ist die beste Verteidigung. Einseitige Konservativen wollen sich nicht ein für allemal von ihrer schlagkräftigen, gewaltigen Ausrichtung in Austausch für eine Verständigung verabschieden. Zuerst wurde Italien großzügig angeworben, dann fallen gelassen. Japan hatte die Waffengefahr alleine gespürt. Wie lange werden wir zur

                    Warum existiert alles natürliche?

EU gehören? Die Zukunft wird Klarheit schaffen. Hoffentlich wollte man keine Kriminelle, Exzentriker oder schlimmer noch, kampferprobte Neukonservativen ins Land holen.

Fürstliche Töchter sind mit ihrer Vermählung in abendländischen Königshäusern ihrer Pflicht selbstbewußt nachgekommen. Ihre eingeschworene, katholische Gesellschaft hielt sich in Grenzen. Natürlich, vor sich lebende können zuhauf alles ignorieren und lassen sich nebenbei leicht beeinflußen. Sie hatten undenkbar lang in Isolation gelebt, mussten ihren Verstand nicht gebrauchen. Eine richtige Annahme für die Sesshaftigkeit des Judentums im Abendland wäre darin zu sehen, dass es aufgrund seiner Erfahrungen die losgelöste Christenheit führen will, um nicht vom Weg abzukommen. Die jüdische Überzeugung war niemals weniger fest. Man sprach hebräisch. Latein ist de facto untergegangen.

Die Heilkunst des Hippokrates beruhte auf olympischen Disziplinen. Der Griechische Arzt verrichtete sein Gebet an seine Götter. Unglaube bewirkte seine Abänderung zu einem Berufsleitsatz. Bestrebt verdienen moderne Ärzte in Scharen ihr Geld. Solche profitable Anhäufung nennt man Überproduktion, von Autos, Haushaltsgeräte usw. Lesen Sie mal in einer Bibliothek oder gehen Sie in eine Buchhandlung. Wenn viele Verfasser zu schreiben beginnen, handelt es sich überdurchschnittlich um gefühlsbetonte Romane. Ist es nicht besser, einen multimedialen Multisprachkanalfilm mit Effekten angesehen?

Fernsehdebatten wollen kontroverse Diskussionen in Gang setzen, Hauptsache echte Gefühle kommen zum Vorschein. Unter inhaltlicher Oberflächlichkeit leidet die Qualität. Besinnung finden wir in Gebeten. Einen Beruf zu erlernen, braucht Geduld. Sie kann sich in Zorn umwandeln. Schlechte Begabung, Missgunst, negative Beeinflussung, Vorteilsannahme, negative Gefühle (List, Gier) und dergleichen sind keine Hindernisse für die Ausübung eines anständigen Berufs. Die erste Möglichkeit zur Erlangung der Professionalität besteht in der Aneignung der benötigten Kenntnisse. Die zweite folgt der Idee der Eignungspropagierung. Wir können unseren Erfahrungspfad zum Höchsten nicht verkürzen, mangelnde Veranlagung vorrausgesetzt.

Nicolas Sarkozy, französischer Ex-Staatspräsident unter vielen, bestätigte die schädliche Beeinflußung recht

                    Warum existiert alles natürliche?

unscheinbarer Personen, die sehr überzeugend wirkten und ihr Handwerk mit Bravour vollendeten. Im mittelalterlichen England bewirkten gewisse Mönche die Glaubensspaltung. Gute Pferdepflüsterer werden als Berater eingestellt, im stillen agierende unterstützen. Es bedarf Mut, die Wahrheit zu erkennen und das Falsche beim Namen zu nennen.

(Un-) Christen wollten Martin Luther zum Schweigen bringen. Seine Predigten überzeugten erfreulicherweise im Herzen. Das Problem mit der Wahrheitsfindung bestand für Förderer und Gegner in großem Maße. In unseren Tagen sprechen Europäer erstmals miteinander. Zu viele Unterschiede haben sich angehäuft. Mitgehangen, mitgefangen. Eine kurze Bemerkung: Auf Barbaren pochend, hinderte der abendländische Zentralbezug den Austausch der freien Gedanken. Man hatte die Nachbaren nicht als solche anerkannt. Rückblickend können wir Weltsichten akzeptieren. Sie sind durch und durch europäisch gewachsen, kosmopolitisch ausgerichtet. Unsere Vorväter wollen uns als gute Bürger sehen. Die Priesterschaft stand hinter ihnen. Ihre Anzahldynamik, Tendenz sinkend, hat niemand vorhergesagt.

Eine Search-and-Rescue-Mission kann überaus gut gelingen. Alle Beteiligten müssen im guten Geiste agieren und dauert solange wie der Zustand anhält. Die psychologische Kriegsführung beschränkte sich nicht auf den Feind, sondern wurde vereinzelt außer Dienst angewandt, gegen Familienmitglieder, Fremden, die Ex-Freundschaft, den Nachbaren, Nachwuchs usw. Das Gute in uns sympathisiert sich mit den positiven Handlungen der Mitmenschen. Verhelfen wir den schlechten, unveränderlichen zum Sieg, können wir uns kaum auf ihnen verlassen. Sie werden keine Dankbarkeit zeigen. Von den edlen strahlt das Vertrauen aus. Wir können uns zumindest zu 50% auf ihnen verlassen. In den Köpfen werden die Entscheidungen getroffen, leider auch aus dem Hungergefühl, der Durst sowie Irreführung heraus.

Alles, was wir verstehen wollten, woraus wir Vorteile zogen, was uns ausmacht, das uns definiert, die Gestalt Gottes gab, darf auf der Erde aufrechterhalten werden. Auf einem Planet haben fremde Lebensformen Überlebenschancen. Habitat-Exoplaneten könnten sich zu unseren Gunsten mit der kosmischen Zeit entstehen

                    Warum existiert alles natürliche?

und sich wieder wandeln. Die höherwertigen werden die Welt durch ihre Intelligenz neu ordnen, natürlich nicht wie es uns beliebt. Aus jedem von uns könnten die Genies entspringen, sei es biologisch veranlagt oder mental fähig, die nächsten Leitpersönlichkeiten die Weltbühne betreten, egal ob die vorhergehenden Weltkulturen unterentwickelt oder untadelhaft gewesen sein mögen. Das ist die Essenz der ältesten Religionen. Biologische Wandlungsprozesse dauern ewig. Sollen wir selektierte Bakterien in der Vorstufe auf potentiell lebensfähigen Planeten aussetzen? In der zweiten Instanz wollen wir uns vergegenwärtigen, ob Planeten in Sonnensystemen mit fremdartigen Biosubstanzen des Lebens übersäht sind. Mit unseren Augen blicken wir Oberflächentäuschungen. Im Mikrokosmos entgeht uns die Sicht. Die Assistenz durch ausgereiften Maschinen erwies sich als elementar wichtig für uns. Das Leben eines jeden von uns ist unfassbar kurz. Mit unseren irdischen Sinnen können wir nicht alle Vorgänge eines Universums erfassen.

In Gott wollen wir Vertrauen schenken. Mögen Götter und Buddhas uns segnen.

This book will be soon written in English. The first edition 'Why Are We Living Though? How does everything exist naturally?' will cover most facets of our daily life as well as subjects at schools and universities. It is very much recommended for pupils, adults of all ages. Using English is somehow easier to get to the point.

DruckDesignOase

Duc Hao Luu BSc (Hons), Dipl.-Inform. (FH)

Mühlleitenweg 73, 98639 Wallbach, B.R. Deutschland

Mobil: +49 176 2125 6838,   0179 2574 403

Mail: info@DruckDesignOase.de

Kommentare bitte per Email

Nachdruck ohne Zustimmung nicht gestattet

Cover: Wal im Meer, 1. Ausgabe Feb. 2020, EU

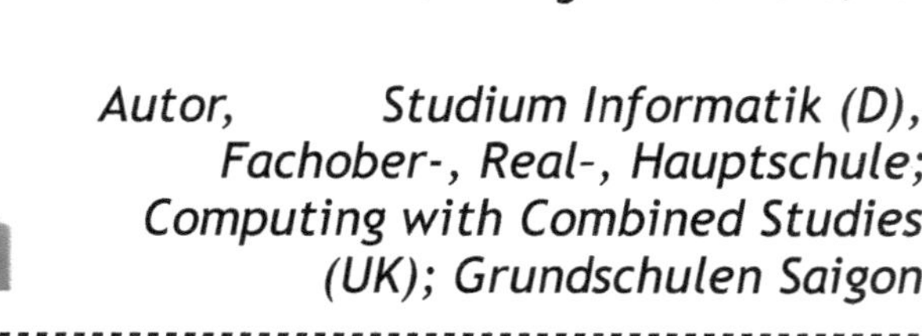

*Autor,   Studium Informatik (D),
Fachober-, Real-, Hauptschule;
Computing with Combined Studies
(UK); Grundschulen Saigon*

Bibliografische Information der Deutschen Nationalbibliothek:
Die Deutsche Nationalbibliothek verzeichnet diese Publikation in der
Deutschen Nationalbibiografie, detaillierte bibliografische Daten sind im
Internet unter http://dnb.dnb.de abrufbar.

© 2020 Luu, Duc Hao
Herstellung und Verlag: BoD - Books on Demand, Norderstedt
ISBN: 9783750460980